国外植物景观设计理论与方法译丛

花园的色彩设计

COLOUR SCHEMES
FOR THE FLOWER GARDEN

[英] 格特鲁德·杰基尔 著

尹 豪 王美仙 郝培尧 译

董 丽 审校

U0330826

中国建筑工业出版社

著作权合同登记图字：01-2011-2049号

图书在版编目（CIP）数据

花园的色彩设计／（英）杰基尔著；尹豪等译．—北京：中国建筑工业
出版社，2011.12（2024.1重印）
（国外植物景观设计理论与方法译丛）
ISBN 978-7-112-13683-4

Ⅰ.①花…　Ⅱ.①杰…②尹…　Ⅲ.①花园-园林设计　Ⅳ.①TU986.2

中国版本图书馆 CIP 数据核字（2011）第208002号

GERTRUDE JEKYLL'S COLOUR SCHEMES FOR THE FLOWER GARDEN by
Gertrude jekyll was first published by Frances Lincoln Limited, London, 1988.
© Frances Lincoln Limited, 1988

Reprinted in Chinese by China Architecture & Building Press
Translation copyright © 2011 China Architecture & Building Press
本书由英国 Frances Lincoln Limited 授权我社翻译出版

责任编辑：杜　洁　王　磊　段　宁
责任设计：叶延春
责任校对：姜小莲　陈晶晶

国外植物景观设计理论与方法译丛
花园的色彩设计
COLOUR SCHEMES FOR THE FLOWER GARDEN
［英］格特鲁德·杰基尔　著
尹　豪　王美仙　郝培尧　译
董　丽　审校
*
中国建筑工业出版社出版、发行（北京西郊百万庄）
各地新华书店、建筑书店经销
北京嘉泰利德公司制版
北京中科印刷有限公司印刷
*
开本：787×1092毫米　1/16　印张：11¾　字数：180千字
2011 年 12 月第一版　2024 年 1 月第三次印刷
定价：79.00元
ISBN 978-7-112-13683-4
　　（21438）

目 录

译者序

现代园林形式出现于 20 世纪，但是 19 世纪工艺美术运动和新艺术运动在艺术形式上的积极探索对推动现代艺术及现代园林形式的产生有着巨大的推动作用。作为英国工艺美术运动时期造园的核心代表人物，杰基尔（Gertrude Jekyll）在植物组合搭配方面进行了毕生的探索，形成了彰显植物景观魅力的花园风格。这种造园方式成为当时园林设计的时尚，并且影响到后来欧洲大陆的花园设计。

西方现代园林形式受到了现代建筑、绘画、雕塑艺术的强烈影响，杰基尔的造园就明显地体现出这一点。杰基尔从小学习绘画，还潜心地临摹过英国浪漫主义绘画的杰出代表人物特纳的作品。杰基尔如同作画一般设计花园、配置植物，花园的各个角落呈现出一幅幅光色变幻的画面。这种以绘画的方式布置花园栽植植物的做法在西方的园林设计中传承至今，花园的设计者们更是将杰基尔奉为草本花境设计的鼻祖。

杰基尔的该部著作最早于 1908 年问世，此后经过多次出版和修订。即便如此，各版本的编辑们依然头疼于书中大量植物名称的校对工作，这主要来自于杰基尔所处时代的植物拉丁名与现行名称存在较大的变化。而对于中文译本的工作难度则来自于两个方面：其一，杰基尔习惯于将植物拉丁名和英文名混用，有时只是以属名代之，与目前国内出版物需要明确植物拉丁名的要求存在明显差异，如何准确地翻译原文中提及的植物种类而不损伤原著的行文风格成为困扰译者的最大难题；其二，由于地域的差异，书中的一些植物并不为国内所熟悉，其植物拉丁名没有相对应的中文名，翻译中只能尝试进行植物种名的新拟工作。但是即便如此，却并不影响读者在杰基尔散文般的叙述中领悟植物景观设计的魅力。

序

《花园的色彩设计》于 1914 年首次出版，这是格特鲁德·杰基尔（Gertrude Jekyll）15 本著作中的第 12 本。1882 年，杰基尔为威廉姆·罗宾逊主办的《花园》杂志撰写了一篇名为"花园色彩"的文章。1883 年，杰基尔又为威廉姆·罗宾逊更具影响力的《英国花园》一书撰写了篇幅更长的章节。杰基尔自己的书开始于 1899 年的《林地与花园》，其中对色彩和色彩设计进行了详细的论述。1908 年，杰基尔的第 9 本著作《花园的色彩》出版，其新版本《花园的色彩设计》于 1914 年问世。此后，截至 1932 年杰基尔去世，已出版发行了 6 个版本。

毋庸置疑，《花园的色彩设计》是杰基尔最广为人知的著作，也是 20 世纪最具影响力的造园书籍之一。但令人悲哀的是，该书的极大成功却损害了而不是提升了杰基尔的声望。她自然随意的文法让读者常常沉迷于散文般的叙述中，而并未着意理解其精神实质，形成了一些一知半解的认识。杰基尔在《花园的色彩设计》一书中总结提炼了她一生的园艺经验，但却被肤浅而并不确切地理解为：将花园划分成为一系列的场地，通过栽植柔和色彩的草本花境形成短暂的景观。

杰基尔不断地重述着自己的观点："如果什么事情值得去做，就要做好"。她撰写书籍时煞费苦心，虽然这些著作常被用来在闲散时间阅读，但是如果多加留心就能从书中获得更多的喜悦和收获。

她对英国文化的最大贡献在于重申了美术之于园艺的地位。在 18 世纪，绘画、诗歌和园艺被视为缪斯女神的 3 个最重要的化身，园艺被普遍认为是最伟大的艺术，并且是绘画和诗歌创作灵感的不竭之源。杰基尔像画家一样观察，像诗人一样写作，并且通过写作重新树立了园艺在 19 世纪混乱的造园中失去的地位。

格特鲁德·杰基尔于 1843 年出生在伦敦，但她一生中的大多数时间在萨里郡度过，包括她的童年。她和母亲在芒斯蒂德的住宅中生活过，在她人生的最后 35 年一直生活在那里。1861 年，在 17 岁时，她返回伦敦进入南肯辛顿艺术学校学习艺术和设计。她带着一贯的热情沉浸在植物与装饰、色彩理论和艺术史的学习中。谢弗勒尔(Chevreul)的《色彩共时对称法则》(The Law of Simultaneous Contrast of Colours) 和拉斯金 (Ruskin) 的《现代画家》(Modern Painters) 长期影响着她。遵照拉斯金的建议，她花费了大量的时间在国家美术馆临摹特纳的绘画作品。这些早期的训练使她对色彩和色彩效果有了深刻的理解。特纳运用色彩的方法的确对杰基尔的造园产生了持久而广泛的影响，比较明显的印证就是她偏爱采用大幅度的协调色彩进行渐变种植。作为一名身为艺术家的园艺爱好者，她最大的智慧在于认识到协调的价值和对比的重要性，认识到没有对比的协调会流于单调。她曾提到芒斯蒂德·伍德花园中主花境的色彩设计灵感就来自于特纳的画作《战舰"特米雷勒号"最后一次的归航》，只是画中所表现的"落日余晖—墨紫色海水—金色反光"的色彩序列在花境中被颠倒过来使用。

以冷色调的蓝色、紫色花卉开始和结束的主花境被安置在一丛灰色叶植物中。灰色叶的暗淡色彩在植物组群中有着特殊的作用，它可以让亮黄色的花卉更好地衬托翠雀花 (delphinium) 的蓝色和风铃草 (Campanula) 的蓝紫色。在花境中间，"色彩热烈而华丽"：在深色叶的美人蕉 (canna)、大丽花属 (Dahlia)、金鱼草属 (Antirrhinum) 植物的衬托下，深黄色、鲜红色、深红色花卉组合成逐渐加深的色调，与此同时零星点缀的丝石竹属 (Gypsophila) 植物让色彩变得更加柔和、明亮。这些穿插在花境中的丝石竹组团起到了很好的柔化作用，而配置在红色花附近的丝兰 (yucca) 则强调了这种柔和。在其他一些浓烈色彩的组群中，种植一小块白色百合 (lily) 就能使色彩更加丰富，而又不会显得沉闷和黯淡。

在伦敦，杰基尔小姐遇到了工艺美术运动的领军人物威廉姆·莫里斯，她发现莫里斯的学说和实践其实正是自己生活态度的写照。杰基尔的艺术、工艺和生活是不可分割的整体：传统激发创造力，创造力是慈善的造物者赐予我们的礼物。"对美的感知是上帝的恩赐，慨然收受者无以为谢。"

杰基尔多才多艺。绘画是她的最爱，但她也喜爱木刻、银质工艺、织锦、刺绣以及后来用于著作中插图的摄影艺术。当然，她最为持久的兴趣是她的花园——它是一件艺术品，一幅栽植的画面，一个舒适而简单的环境。她很少提及"花园设计"，却宁愿称之为园艺：在了解植物及其习性、栽培技术的基础上，有目的地在花园中进行植物配置，而不是在图板上纸上谈兵。

在《花园的色彩设计》中艺术和技术是紧密联系在一起的。在花园的一角，配置在灰色水苏（*Stachys*）和薰衣草（lavender）丛中的猫薄荷（catmint）为植物组群提供了花色，花朵一旦凋谢，就要仔细地去除枯萎的花头，以便能在 8 月份花境的主要观赏期时，正好二次开花。在花园的另一角，那些同样受欢迎的花卉在花后也要修剪，以便在 9 月与米迦勒节紫菀(Michaelmas daisy)同期开花。对植物进行立桩、绑缚和修剪工作是为实现夏末主花境的色彩设计而做的。杰基尔小姐对修枝剪和铁锹等工具的运用如同她在织锦、补缀和刺绣中对剪刀和针线的操作一样灵巧，也如同她在雕刻酒窖木门上的藤叶纹饰时使用凿子一样熟练。

在园艺领域，杰基尔小姐有三个主要贡献。首先，最为重要的，她是一位能力非凡的身为艺术家的园艺爱好者，她精心地观察植物，并将植物配置成美丽的画面。其次，通过与埃德温·路特恩斯（曾设计芒斯蒂德·伍德花园中住宅的设计师）合作，她解决了建筑师和园艺师之间谁应主持花园设计的纷争，这不是建筑师和园艺师谁来主持设计的问题，而是应该相互协作。路特恩斯的石雕工艺与杰基尔小姐绚烂而严谨、和谐的植物配置优美地结合在一起。这种设计手法激发了新一轮的英国花园热潮，如希德考特花园（Hidcote）、廷坦哈尔花园(Tintinhull)、斯塞赫斯特花园（Sissinghurst）等。再者，杰基尔小姐以散文体巧妙结合诗歌的文风将自己的造园思想和经验编著成书，即使是在芒斯蒂德·伍德花园落败之后，这些著作也一直激励着数代成功的园艺师。

有趣的是，她在自己的第一本书《林地与花园》的开篇便声明"我在文学素养和植物学方面的知识无可称道"。这并不是虚伪的谦恭，而是对成功路上需要付诸艰辛工作的深刻认识。初看起来她的书中堆满了词汇，如同她设计的色彩斑斓的花境一样看起来很随意。而实际上，她的文字如同她挑选的每一株植物一样，都是经过斟酌推敲以传达准确无误的信息：书、章节、词句都经过了精心的组织。

《花园的色彩设计》中富于浪漫情调的开篇描绘了3月份花园中的林地，引出了第一个色彩组合：一处"零落组群"的欧亚瑞香（*Daphne mezereum*），几"簇"红色的东方铁筷子（Lent hellebore）和几丛"半成片"的普通狗牙堇（dog-tooth violet）——简单而易于产生联想的文笔。另外，杰基尔还提及白色郁金香（tulip）的"窄条带"，在虎耳草（London pride'）的"粉色组团"中"挺立"着开白色星状花的乐园百合（St Bruno's lily）。白色毛地黄（foxglove）"矗立"在桦树（birch）丛中，而对于花境种植，她用了特别的词汇表达了自己的种植方法，并且阐述了实践上和艺术上的缘由："多年前我就得出结论，在花境中最好采用长条形种植而不是团块形种植。这样不只是会有更好的图画似的景观效果，而且长而窄的种植形式不会在花期过后和叶子枯萎时留下明显的空缺。'飘带'一词更为贴切地描述了我头脑中的这种植物组群的形状，我通常用它表述这些长条形状的种植形式。"

《花园的色彩设计》不是只谈色彩问题。实际上，值得一提的是原来版本的书中有100多张黑白插图。与其说这些照片是用来说明色彩问题，不如说是为了说明造园中色彩与植物其他特征的联系。书中开篇描绘了冬末时林地微妙的美，以及画面中风和太阳的感受；接着描写了在蓝天的衬托下，从暗黑色的铁筷子（hellebore）到明亮的连翘所形成的零散色块；渐渐地春花植物与早花球根花卉的亮色交织在一起；接下来，6月的花园色彩逐渐丰富，盛夏的主花境色彩壮丽；随后，辉煌的色彩消褪为果实的微妙色彩和冬季雾气迷蒙的柔和景色。书中的主体内容和大的架构之中穿插了一些附属而重要的章节——花坛植物、林地和灌丛边缘、盆栽植物和墙垣植物。如同对主花境的规划一样，该书也进行了细心的编排，开始是介绍柔和的色彩景观，逐渐达到辉煌的顶峰，转而色彩消褪，在结尾形成朦胧的景色，中间偶尔插入与花园设计相关的其他部分。

对格特鲁德·杰基尔的造园有两个最常见的误解，细心阅读该书时应予以摒弃。

第一个误解是认为杰基尔由于视力恶化不能绘画而转向造园，认为她将花园视作一团模糊的色彩。虽然她的视力很差，看东西很费力，但她十分准确地关注着微小的细节。她对林地中欧洲赤松（Scots pine）大树干的描述就显现了她细致的观察力。芒斯蒂德·伍德花园中的主花境显然是作为一个巨大的色彩组合而进行设计的："从一处小径向前看，宽阔的草坪提供了开敞的视野，整个花境就像是一幅图画，两端的冷色调增强了中间亮丽的暖色调。"也可以走近去探究一系列图画般的片段，每一种"色彩都依照自然法则为后面的色彩作视觉上的准备"。对于那些感知敏锐的参观者来说，呈现着令其兴奋的精彩细节——深红色金鱼草的鹅绒般柔软的质感、翠雀花乌黑的花心，广枝紫菀（Aster divaricatus）黑色的花茎或是带有条纹的芒属（Miscanthus）植物弯曲的叶尖。

第二个误解是过于强调耐寒性花境在杰基尔小姐造园中的重要性：对其花园固有的印象是由分隔开的不同色彩的花境组合而成，每个花境在一年之中只为特定的时期而存在，之后便暗淡无色。芒斯蒂德·伍德花园的彩色花境，尤其是主花境的确如此，它们主要是为满足 1~3个月的景观效果而设计的。但是杰基尔小姐的哲学观点是：没有什么东西应该是丑陋的，但也不应有追求超越普通感受的思想。"很奇怪人们会因为一个词而毁掉一些花园的整体规划……诚然，蓝色花园尽可能地展现蓝色才会美。但我的想法是它首先要美，然后才是尽可能地展现蓝色。"

在芒斯蒂德·伍德花园中，支撑架都是隐藏的，铁皮屋顶的工具屋上爬满了景天属（Sedum）植物，花境即使没有色彩也被设计得很迷人，而且观赏期也超出了最长的可能性。

主花境的背景是常绿树和在冬末春初开花的植物蜡梅（winters-weet）、棉毛荚蒾（laurustinus）、木兰（magnolia）。在主要观赏季节到来之前，有大量以橙色罂粟（poppy）为视觉中心的灰色叶和淡紫色花卉形成的植物组团。在冬季，早花球根花境以常绿蕨类（fern）为骨架，以苔藓状的虎耳草（saxifrage）镶边。在明亮的球根花卉色彩呈现之前，铁筷子和岩白菜属（Bergenia）植物提供微弱的花卉色彩。在盛期，缬草（valerian）鲜黄的叶子被用来与蓝色的风信子（hyacinth）和棉枣儿属（Scilla）植物形成强烈对比，同时与明黄色的水仙（daffodil）相协调。杰基尔也提起过一丛萱草（day-lily）的应用价值在于早期的嫩黄色剑形叶，它们被用在通往 6 月花园的道路轴线上。从小屋的窗户望出去，橙黄色的花构成了色彩的视觉焦点，也与 6 月花境中暖色调的罂粟和百合相呼应。春季花园呈现了春花植物全部的优雅和精美，并用一大丛丝兰、吴氏大戟（Euphorbia wulfenii）、老鼠簕（Acanthus）和火炬花属（Kniphofia）作背景——它们的叶形持久，而且是白色、深紫色和橙红色花序的极好组合，夏末，从花园常走的西入口进入，经过一大片绿色就能看到这个漂亮的植物组合。这些重要的趣味点将整个花园联系在一起。

在花园的各部分之间配置重复的植物组合以及漂亮的观叶植物团块，增强了花园的统一感。丝兰属、大戟属（Euphorbia）、藜芦属（Veratrum）、甜芹属（Myrrhis）、岩白菜、铁筷子和玉簪属（Hosta）植物在花园中到处可见，但并不是胡乱地使用，在统一与变化之间寻求均衡是杰基尔小姐设计的核心。

芒斯蒂德·伍德花园的各个部分，并不是毫无联系的个体，而是以巧思妙想的方式将各个部分联系在一起。主花境可以看做是一个整体、一系列的组成部分或是大量的细节组成。同样，它也是更大组合的一部分，是花境群组中的一个有机组成单元。花境群组融入花园的林地背景并自然地延伸至周围群山的景色中。"远处冬季景观的可爱色彩"和从菜园一角的风雨屋中观看暴风雨的景致都是花园规划的基本组成部分。

11

上述的两个误解还导致了第三个误解。人们普遍认为杰基尔小姐的论述只适用于由大量园丁管理维护的大花园。事实并非如此。她一再强调花园的规模和花园的美景并无多少关联。"园主人的情感、智慧和善意决定了花园的兴衰成败。"对杰基尔而言，15英亩的花园也不够大。她期待着设计一个长长的布满石头的山坡来种植大量的糙苏属（*Phlomis*）、薰衣草、迷迭香（rosemary）、岩蔷薇属（*Cistus*）和厚敦菊属（*Othonnopsis*）植物。虽然空间和时间受限，但她一直期望建造一个蓝色花园和绿色花园。她在花园的小屋附近小规模地建造了种有灰色叶植物的干石墙，并在主花境中实现了蓝色植物组群。

杰基尔在工作间、画室、花园和书籍中显露出的艺术才能和精细工艺是对上帝伟大壮举的谦恭回应。她希望能有更多的空间去种植花卉，同时也欣慰于自己所拥有的一切。芒斯蒂德·伍德花园中的主花境有200英尺长、14英尺宽，但杰基尔小姐还十分关心住宅北院中一组盆栽植物的设计或是铁线莲（clematis）的垂吊装饰。她能从一缕野生的铁线莲、随意种植的一丛风铃草以及爬出草地装点台阶的百里香（thyme）饰边等景观细节中获得乐趣。所以，无论你是拥有富丽堂皇的住宅花园的园主还是只有窗边种植箱的人，都可以从她的著作中获得灵感。

新版的《花园的色彩设计》不仅保证了格特鲁德·杰基尔著作的原有质量，而且还进行了提升，增加了许多杰基尔使用的植物及植物组合的彩色插图，还用很多花园照片成功地重释了杰基尔的造园思想。需要再次重申的一点是：从书中获得的远不只是色彩组合的技巧。书中描写的最富有诗意的片段之一不是主花境的壮丽，而是春天的林地："附近，在一片暗绿色苔藓中贴地长出一种有趣的植物——小斑叶兰（*Goodyera repens*），一种陆生兰花。很容易错过它，因为它奇异的白色叶脉的叶子半藏在苔藓中，并且它淡淡的青白色穗状花序并不明显；由于我知道它在那里，即使不跪下寻找也不会错过了。我们不要只是赞赏它的美，还需要细心地去除周围一些靠得太近的深色苔藓（moss），避免形成侵害。"这是集观察、思索和栽培为一体的自然合成，其影响力等同于对现代花园设计产生直接影响的东方园林；也为我们诠释了将园艺视作美术追求的全部乐趣。细心阅读格特鲁德·杰基尔这部最重要的著作将会有此感受。

理查德·贝斯格娄乌

雷丁大学

1987 年 10 月

绪 论

人们普遍认为，"依照一个好的色彩规划"去种植和维护一个花境并不是一件容易的事情。

对此，我认为可以取得成功的唯一途径就是让花境在特定的时间段展现魅力；每个花境或花园区域可以表现 1~3 个月的较好景观。

我不能接受花境在春季里只展示几块球根花卉，除此之外空荡荡的，抑或只有几簇草花。等球根花卉落败时，景观需要弥补。场地要么光秃秃地裸露着，要么等需要种其他植物的时候，用叉或铲翻得乱糟糟的而无视球根花卉的存在。

多年来，我就这些问题在我的花园里探索着，并得出一些结论，在此带着几分自信冒昧地提出来。我所提出的结论源自我对场地本质的理解，源自最初半为林地半为空地的状态和随后的栽培过程中，源自房屋建造场地的一些情况和我所期望达到的花园整体性。花园各部分的位置和总体形式视自然条件而定，所以花园场地虽然很小却分成了不同的区域，总体上联系却不完全限定。

我强烈地认为拥有了一些植物，不管这些植物质量多么好、数量多么充足，都不能成为花园，那只是收集。重要的是需要仔细挑选并按照一定目的去使用植物材料。如果只是拥有它们或是不加区分地种在一起，就像是得到了一箱颜料，或者更进一步，将一些颜料放在调色板上，但这并不能构成图画。我们的职责是应用植物形成美丽的画面，在愉悦眼球的同时应该培养更高的鉴赏力和艺术修养，而不能容忍不好的、粗心的搭配甚至是错误的植物应用。这关乎我们的颜面，需要尽力做得更好才行。

这就是普通园艺和将园艺直接归为艺术创作的不同。同样的场地和材料，可以让人美梦成真，变成一个令人身心完全放松和恢复活力的地方，呈现出一系列心旷神怡的画面，或是一件做工精良的珍宝。

也有可能被变得乱七八糟，索然无味。我们需要了解二者的不同，理解将造园视为艺术的做法。实际上，各种植物或植物组团的布置都要周到细致并且目的明确，它们应该成为和谐整体的一部分或连续序列中的一环。甚至单一细节的情况下，也应展现为一系列的画面。所以要整理树木和林下植被，让它们的枝条和组团变得形式优美、比例和谐；要时常观察、关注和付诸行动，要十分熟悉和关心生长中的植物。

在这种精神的追求下，花园和林地被建成现在的样子。我经历过很多失败，但不时地会得到一些成功的鼓励和回报。然而，当更加热衷于某些主要的技巧时，要求的标准就更高了；年复一年，预期目标总是无法达到。

但是，由于我在解决某些问题时可能引发了更多的麻烦，而且比业余花园爱好者提供了更多的方法去配置花卉，尤其在色彩组合方面，所以我要用文字、设计图和照片对这些内容详加描述，以说明我的经历以及我的成功和失败之处。

如果书中有未能立即予以解释的地方，我恳请友好的读者不要曲解。我是喜欢独处的工作者，年迈体衰，经受着糟糕而痛苦的视力折磨。我的花园是我的工作间、私人学习和休息的处所。为了健康和合理的生活诉求，需要保持较高的私密性，因而拒绝众多的造访请求。现在只有我最要好的老朋友才获得许可。所以我恳请读者们减轻我写信予以解释和致歉的工作压力。近些年来，在夏季的几个月份，我几乎每天都需要做这些事情，对我微弱的视力而言是很大的挑战，并且读完这些大量信件也非常困难。

I
3月份的研究

3月末的某一天，从西面或西南面吹来一点点风。阳光很温暖，此时坐在户外的花园中或是静静地待在有树林庇护的布满阳光的一角就会非常惬意。周围环绕着银色树干的桦木以及零星分布着深色的冬青（holly）组团。视平线以上的背景是夏绿植物暖暖的芽苞的颜色，视平线以下是欧洲蕨（bracken）近乎扁平的叶子枯萎后的锈色，和附近橡树（oak）和栗树（chestnut）上飘落下来的一些浅色叶子。阳光洒在桦木的银色树干上，将树影清晰地投射到穿过林地的步道上。现在草还未绿，并未萌动的茎叶还保留着冬季的暗绿色，依然装饰着去年修剪的斜生扁芒草（heath grass）短茬。小的桦木和橡树上依然悬挂着棕色的叶子。像灰色的西班牙栗树（Spanish chestnut）与鲜亮的桦木树茎干形成鲜明的对比。前面不远处，贴着地面闪耀着几片早花的比利牛斯山水仙（Pyrenean daffodil）。

这是林地景观展现出来的第一幅花卉效果的完整画面。这一景致离住宅不远，就在近百码远的灌丛中，更多的花卉在比较远的地方。向左边看，从光秃的树丛中可以看到房子长长的屋脊和南坡，主要的墙体被围挡的冬青和刺柏（juniper）所掩藏。

沿着另一条宽宽的草径可以去往花园，向西穿过栗树林，接着转向北面的下坡，离开杜鹃花（rhododendron）和桦木林来到主草坪。在下次转弯之前，一团可爱的色彩出现在林地边缘枯萎的草地上。这是一丛零落的欧亚瑞香和几簇红色的东方铁筷子，前面是一些松散的普通狗牙紫罗兰，这些几乎连起来的色彩组合看起来赏心悦目。一点儿也不耀眼，内敛而纯净。蒙蒙的光透过大丛的冬青和高高的栗树以及邻近的山毛榉再投射在花卉上，看起来很协调。色彩有些"暗淡"，老

"一幅暖白色和亮黄色的花卉景观"：星花木兰（*Magnolia stellata*）数以千计的奶白色花与'银后'扶芳藤（*Euonymus fortunei* 'Silver Queen'）的金边嫩叶一起呈现了优美的春景。白色的'三琥珀'水仙（*Narcissus* 'Tresamble'）和黄色的猪牙花属（*Erythronium*）植物将这个方案延伸到了林地。

17

从左到右依次为：红色的东方铁筷子（Lent hellebore），欧亚瑞香（*Daphne mezereum*），狗牙堇（dog-tooth violet）。

练的作家委婉地称其为具有辅助力量的花卉色彩。但那是一幅完美的画面，如同任何适宜居住的场景一样，人们会时常想起它。

对我而言，用这些熟知的植物设计出鲜活的画面是造园中最快乐的事情。不管是将两三种植物配置在一起，还是在令人满意的场景中布置一种植物，又或是在夏季中后期的花境中配置大量植物，其目的都是如此。不管配置是简单而朴实、粗放而壮观，还是平淡无奇、细致入微，其目的都是利用植物达到人们最好的愿望和展现人类最高的智慧，以此形成生活的美好景观。

希望能让大家了解我认为很重要却很少有人尝试过的一些事情。以谦恭的方式提出一些我在实践中得来的想法是本书的目的。

3月份的日子里花还很少，这些植物组合的例子有着特别的趣味；没有繁多的花卉，注意力不会被扰乱，反而易于集中在有限几种植物的组合和观察上；所需要做的只是简单地准备用以观赏那些景致的更为宽阔的场地。

穿过深色的杜鹃花组团，桦木耸立其间。光洁的杜鹃绿丛中的银色树干十分醒目，上面装点着各种棕色和灰色的斑点和条纹，其色调深得如同亮黑色。两种树的生长态势十分迥异；桦木高而白色的树干戳在密实、深色、革质的杜鹃叶丛中，在细密、微红色枝丫交织着的灌丛上轻轻地摇曳。

接着我们来到草坪边，地势向北有一点坡。右边是一道低矮的顶端水平的挡土墙，它围合着一个花境和靠近住宅西面的道路。由于干石墙和上面的土地上都种植着同样的灌木和半灌木植物，使得花境与墙体近乎融为一体。它们在整个冬季看起来都很舒服，糙苏、薰衣草、迷迭香、岩蔷薇、神圣亚麻（*Santolina*）粉饰出一层可爱的灰色；在墙体高起的端头和角落里，一丛日本木瓜（*Chaenomeles japonica*）被种植在墙的上面和下面，开着玫红色的花。一大丛爪瓣鸢尾（*Iris unguicularis*）被种植在墙脚处，于11月份首次开花。这种主要的花卉在户外能挺过整个冬天。它喜爱靠墙有阳光的地方和贫瘠的土壤。如果种植在较肥沃的土壤上，叶子长得很高但花量很少。

我们穿过一些灌木丛后，一道令人兴奋的景致出现在眼前；一棵白玉兰（*Magnolia denudata*）开着数百朵芳香的、大大的白色杯状花。在快要接近它之前，白玉兰开始加入到花园的组景当中，旁边几丛高高的连翘（*Forsythia suspensa*）抛撒着数尺长的枝条，上面缀满了亮黄色花朵。连翘有10~12英尺高，向上看它的花在蔚蓝的天空下显得格外清晰；玉兰较高的树体部分在天空的衬托下也有着同样的效果。这儿就出现了第三幅植物组景；亮蓝色底上温暖的白色和纯美的黄色展露于阳光之下。在连翘中间是一大丛星花木兰（*Magnolia stellata*），奶白色的花数以千计。当较早开花的白玉兰过了花期之后，它与连翘同步进入盛花期，花期可以持续到4月份。

为早花的球根花卉找到合适的地方总是有一点儿困难。虽然很多球根花卉喜爱粗放并长满草的场地，但我们依然希望能够配置出相对生动并适合展现在花园中的景观。

通常的做法是将它们以小斑块的形式种植在花境的边缘，这在我看来很糟糕。那样，它们只能呈现毫无联系的小块色彩，当叶子枯萎时它们会被毁掉，而替换上夏季花卉。

如何处理这些早花的球根花卉是多年来的谜团。我最终琢磨出一个让人十分满意的方案，毫不犹豫地建议大家普遍地采用。

我的 6 月花园贴着一条道路的边缘，布置了一个 70 英尺长、10 英尺宽的花境。沿着花境背面每 10 英尺有一根松木柱，上面攀爬着自由生长的月季。这些月季不仅装饰了木柱，而且长出的花朵在柱间松弛的绳索上摇曳。再远一点是竹子，接着是由欧洲赤松、橡树、荆棘植物组成的老树篱。花境沿道路向上延伸，形成一派温和的情调。首先，将耐寒性较强的蕨类植物种植成宽大的条带；大部分用欧洲鳞毛蕨（male fern），它不仅漂亮而且非常持久，叶子可以一直绿到冬季。在蕨类的条带之间种植着球根花卉，前面统一以苔藓状虎耳草镶边。

色彩的组合开始于舌状岩白菜（*Bergenia ligulata*）的粉色、多花延胡索（*Corydalis solida*）和狗牙堇浅的粉色。后面，暗红色的东方铁筷子娇媚迷人，与球根花卉的色彩相协调。一些白色的东方铁筷子种植在端头，在星花棉枣儿（*Scilla amoena*）开花的时候会变成绿白色。之后是一片鲜艳的间有白色的纯蓝色组合——西伯利亚棉枣儿（*Scilla*

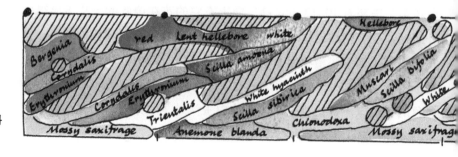

早花的球根边坡。其中斜线的部分是蕨类植物

sibirica）和白色风信子，接着是二叶棉枣儿（*Scilla bifolia*）和雪百合属（*Chionodoxa*）植物的蓝色，再往后是葡萄风信子（grape hyacinth）的蓝紫色。紧接着是一长条白色的番红花（crocus），它在花境早期很漂亮；往后，是蚁播花属（*Puschkinia*）的蓝白色；再往后是纯蓝色和白色的雪百合和白色的风信子。

现在，伴随着双色喇叭形的'普闰赛普斯'水仙（*Narcissus 'Princeps'*）的出现，花境的色彩开始变为白色、黄色和金色的观叶植物；再远处是其他两种小型的早花品种展现出的较浓的黄色——侏儒水仙（*Narcissus nanus*）①和小巧迷人的小水仙（*Narcissus minor*）。小水仙虽然在花园中常会与侏儒水仙混淆，但有明显区别。伴有这些色彩，花境末端其他的条带和组团中种植了金色的缬草，它的金色叶在年初较早的时候对色彩组合非常有价值。橙色萱草刚刚萌发时的叶子也是一种淡淡的黄绿色，被种植在花境的末端。这些黄色和浅色叶的植物被布置在更远的地方，当视线沿着花境向远处延伸，会觉得那些色彩非常漂亮。在到达球根花境的终点之前，再次布置了一条色调和谐的淡粉色岩白菜和紫堇属植物（*Corydalis*），以及淡色的早花比利牛斯山水仙——淡花水仙（*Narcissus pallidiflorus*）②。

球根花卉未必准确地在同一时间开花，但是需要有充足的色彩在每个组群中产生适宜的效果。站在花境的端头，就在视线越过狗牙堇的地方，色彩的布置和序列令人喜爱和充满趣味，有的地方色彩鲜艳生动；在黄花和金色叶的衬托下，中间部位的纯蓝色效果更佳。

右上角：西伯利亚棉枣儿（*Scilla sibirica*）；左下角：雪百合（*Chionodoxa luciliae*）。

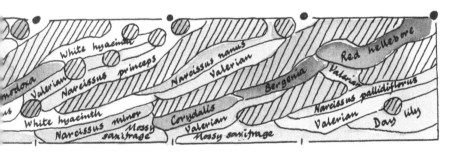

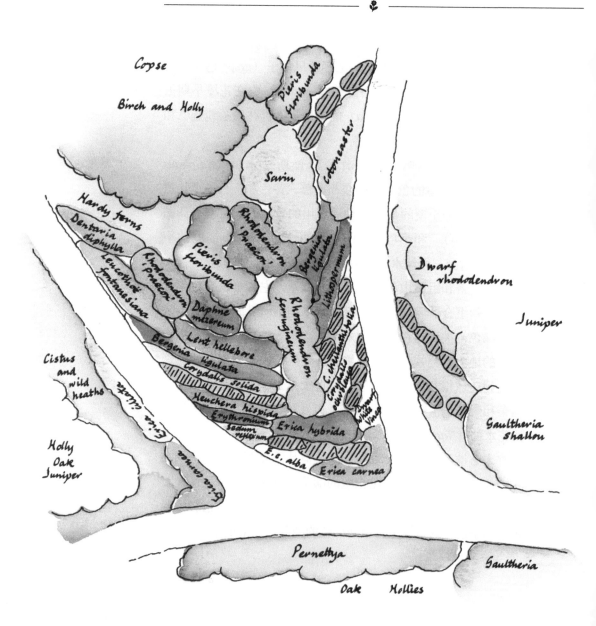

从草坪到杂树林

穿过草坪的小路分为三条草径引入灌丛，这里安排了一个相似的花卉配置以展现早春景观。种植的区域沿路隆起为斜坡，安置了一些大石头。背景是冬青和刺柏，接着是桦木林。这样的背景在色彩上与开花植物相协调，并能将视线引向远处的林地。那些开花植物早杜鹃

（*Rhododendron* × *praecox*）、多花马醉木（*Pieris floribunda*）的后面散植了欧亚圆柏（savin），早花欧石南（heath）、一两种色彩的春欧石南（*Erica herbacea*）和杂种欧石南（*Erica hybrida*），使前面的植物看起来很坚挺。这儿还种植了一种作为骨干树种的高山玫瑰杜鹃花(alpenrose，*Rhododendron ferrugineum*)，花期虽然不长，但却能产生某种力量感和稳定感。

四五月间，球根花卉的叶子长高，要细心摘除种荚以免耗尽植株养分。5月底，蕨类植物长出弯曲状的叶子；到了6月，羽状的蕨类叶子以柔弱的姿态展现着；它们遍布整个斜坡，我们甚至忘记了球根花卉存在其间。等到6月花园完全进入盛花期时，西边的斜坡边界也会展现出蕨类之美。

II
林地

10 英亩对于一片林地而言只是一小块地方，但经过细心的处理就能显得更大。数年后，我惊奇地发现经过精心规划的各个部分展现出很多精彩的田园美景，全年皆有。我并不是特别关注景观的多样性，而是依照不同区域的自然条件，思索如何更好地培育植物，或许只是想更好一点罢了。

景观面貌的多样性需要仔细谨慎地选择，唯一的途径就是清理自然生长的植物。在砍倒老的欧洲赤松之后，自然生长出来一片幼苗林，最好留下一种或两种植物，其余的都清理掉。目的是确保简洁性而非多样性，这样，在场地上行走每次只看到一种景观并欣赏它。在那些虽然长有很多优良植物却没有形成景致的花园里，就需要我所追求的这种单一的特征和单纯的目的。

当然还要记住有很多人并不关心花园和林地的艺术感，就像有人并不关心是音乐还是诗歌一样，也看不出古老的希腊雕塑和非一流的现代雕塑家的作品有何不同，或者完全不知建筑的优雅。在更高层次的花卉欣赏方面，同样如此。无论是多么肤浅，对任何一种花的喜爱总是能让人产生同情和慈爱的情感，那是自我的升华，因为任何事物都是崇敬和赞美之源。无论多么无足轻重和不尽如人意，本书的目的依然是想引起人们更多地关注更好的造园途径。希望对人们产生一些影响，去了解如何将常识与诚挚的目的、美的感知和艺术上的理解相结合，这些认知能够把苍白的土地和生长着的植物变成四季不断的生动画面。

一般的审美意识是我首先要提及的，这是因为它能抑制任何形式的愚蠢、欺骗和故弄玄虚。美的感知是上帝的馈赠，慨然收受者无以为谢。这种馈赠的培养来自于常年的学习、观察和借以艺术形式进行的实践，是对艺术家的头脑、心灵和手的训练。人的大脑在对美的感悟方面训练得越好，就会找到越多的应用机会，对日常生活中甚至是最简单的事情所产生的影响就越直接，效果就会更好。

在幼林中就是如此，橡树、冬青、桦木、山毛榉和花楸（mountain ash）密密匝匝地长在一起形成树丛。首先要知道如何将诸如秩序之类的思想带入这片混乱的树林中。要做到这一点，最好寻觅其中，求助于这些小树自身。

场地向北有一个自然的斜坡，确切地说，最高点在角上，地面整个向对角倾斜。我们从杂树林较低的一端开始，这里靠近将要建房子的场地。首先看到的是一棵生长良好的冬青，紧挨着的是另一棵；它们是幼树林中长得较大的两棵树。靠近第二棵冬青的是一棵幼年桦木，树干有 4 英尺粗，早已展露出它那银色的枝干。因此，足以作出判断，这片树林应当展现银色的桦木和冬青，那么附近的其他树木就要被砍倒或者拔除。坡上 100 码远的地方是一些强壮的幼年橡树，接着是一些山毛榉，整个场地的上层密生着幼年欧洲赤松，西部区域有一小片长势不错的西班牙栗树。

所有这些自然的组团要被保留，首先清除其他一些最小的树木。但是需要经过精心观察，没有绝对的标准。虽然以整体秩序为重，但是每种树木的生长都与附近其他树木息息相关。重要的是保证树木将来能良好地生长，而不是遵循不变的法则。

20 年后，幼苗变成了大树，这种每次让一种树木占据优势的做法产生了宁静、庄严的气氛。零星出现的一些其他树木不会造成混乱，却增添了趣味。5 条林地步道向上穿过树林；每一条都有自己的特征，其中有着细节上的变化。这些变化从不会是突然而至，而是隐含在平稳的序列之中。就像是邀请安静的散步者驻足片刻欣赏一点儿林地的柔和。之后，带着对后面景致的期盼，逐渐地诱其前行。

我的房子是一个大的村舍，有点儿面向东南，就在林地的下面。

卧室的窗户和外面的门在夏天的好天气里都会开着，抬头能够看到一条笔直宽阔的草径，视线的终点是深色树林背景下的一株姿态优美的老欧洲赤松。这一棵老松树和另一棵，以及南面树篱内外的一些松树都是从老的欧洲赤松林中留下的。

这条绿色林地步道是最宽和最重要的一条，相比其他步道处理手法更为粗放。紧贴房屋的区域种植着数丛杜鹃花，其余是一大片的两种悬钩子（bramble）、白花的小花悬钩（*Rubus parviflorus*）和玫瑰色的芳香杜鹃（*Rhododendron odoratus*）。紧挨着杜鹃的是西部区域中高大的西班牙栗树，在春天，树下覆盖着诗人水仙（poet's narcissus）；唐棣属（*Amelanchier*）植物的云状花再次重复着淡淡的白色花的情调，也扮靓了这个让人长期遗忘的幼小的开花植物。远处，灿烂的阳光洒落地面照在遍布各处的铃兰（lily of the valley）的叶子上，一个月后，就能看到它们芳香的白色钟状花簇。

依照色彩对杜鹃花进行精心的组织，粉色、白色、玫瑰色和红色的种类在阳光下表现得最好，要很好地分开；贴近高大的栗树、喜爱半阴环境的是紫色花种类，在本都山杜鹃（*Rhododendron ponticum*）和少数几个指定的相关种类中能够找到纯紫色和冷色调的花卉。这部分细节在我以前的《林地与花园》一书中进行了详细的论述。

在杜鹃花中零星点缀着粗壮的天香百合（*Lilium auratum*）组团，希望从房子或草地、草径的各个角度看过去都有良好的视觉效果；在夏天、秋天、一直延续到10月底，它们展现出一幅花的美丽图画。深色粗壮的叶子成为百合最好的背景，发挥了它们最大的价值。另外，偏东的小路，被称作蕨类植物之路。整个林地覆盖着大片的欧洲蕨，旁边自由散布着很多耐寒性蕨类，好像是自然生长在那里一样。美丽庞大的荫护蕨类，欧洲鳞毛蕨和欧亚水龙骨（polypody）是场地上的原有种类，很容易种植，只是有时候需要增加一点自然生长的组团，让它们看起来如同原生的一样。增加了蹄盖蕨（lady fern）、乌毛蕨属（*Blechnum*）和紫其属（*Osmunda*）植物，以及欧洲羽节蕨（oak fern）

浅色的水仙，锥花鹿药（*Smilacina racemosa*）（中间）和棕色叶的鬼灯擎属（*Rodgersia*）植物的种植显示出了杰基尔小姐的长飘带形种植团块可以灵活地缩小以便在最小的花园中营造林地的气氛。

和卵果蕨（beech fern），处于凹处的紫萁属植物可以收集各种雨水。在这些林地步道的末端，留有充足的空间，主要种植了萝藦龙胆（willow gentian，*Gentian asclepiadea*）。它们在全阴和半阴的冷色调场景里出现让人感觉很愉悦，9月份许多花凋谢之后，花园中的植物整体上表现出萎靡不振的样子，此时出现一丛造型优美而显眼的植物令人高兴。萝藦龙胆有着拱形的树型，一英寸半长的亮蓝色花成对地嵌在叶形似柳的叶腋里。

所有路径的开始处，我都会颇费心机地让花园悄然地融入树林，每一条都有所不同。在那里的一条步道开始于草坪终止于由橡树、紫杉（yew）和岩蔷薇属植物构成的组团，下面生长着白珠树属（*Gaultheria*）植物和马醉木属（*Pieris*）植物。左边是较大的树木，右边嵌石的土堆上栽植着小的常绿灌木。就在几码远的距离内草坪步道变为了林地步道。自然野生的部分永远不要看起来像花园部分，否则就会出现糟糕的事情，花园植物的搭配会无所适从，所以林地步道永远不要看起来像花园步道。一定不要有生硬的边线和明显的边界。林地步道只是一条可以欣赏和行走的简易道路。路的两边悄然地消失在树林的地面中，会显得很自然。只是要求道路平坦、易于通行，修路时要全部清除树根、欧洲蕨、荆棘，避免阻挡道路。

如果步道很宽，容易滋生草类，必须进行修剪。先用机械剪，然后用镰刀割除两边留下的歪斜边界。因为机械的剪痕会留下不好看的生硬边线，而且会在林地中产生花园里那种整齐划一、过于做作的感觉，显得不协调。

现在我们就身处于橡树和桦木的步道里。环顾四周，视线不时地被生长茂盛的冬青所阻挡。但是很多地方能够看到有路通向树林。4月，林地上开满了水仙。这里，上部区域在离白色诗人水仙最远的地方全部种植了喇叭口形的种类，更多的是浓黄色。在树林中，水仙按种类有规律地布置是非常不错的方法。我发现对于不了解水仙的人而言，可以把所有的水仙布置成一个序列，种间关系清晰明了。杂交种群布置在父本

之间，依此逐步地安排其他变种的位置，进一步清晰品种间的关系，最后是纯粹的喇叭口形水仙。所有种类要在边缘处相混合，所以每次至少需要考虑两个品种间的转换，这样易于获得整体的联系性。

宽敞的林中道路

　　它们不是被种成块状而是长条形。这种方式不只是更好地展现了植物的数量，而且在林地景观中的效果也让人格外满意。在傍晚时分，尤其引人注目。日落西山时阳光变成黄色，照亮了长长的黄色花带，增加了色彩的强度。树林中投下了大片、宽长的阴影，在同样黄色光线的照射下，非常和谐，还使得金黄色花朵所表现出来的色阶更丰富。

6 月份同样在这条路上，透过桦木的树干向西看，能够充分地感受到杜鹃花经过细致的色彩规划后所取得的效果。那有一百码远，几丛树干穿插其间；在附近树荫的衬托下，它们显得更亮，那黄色的阳光散发着暖暖的色调，让所追求的色彩效果更为成功。

时光荏苒，蕨类植物步道就要有一些景色了。在初夏，几片延龄草（*Trillium*）和白色的百合，出现在蕨类阴冷的空隙中；向上二十几步远的地方是相同搭配的更大的一片植物。在两者之间，生长着苔藓的斜坡铺展开来，蜿蜒于蕨类植物之间；就在这条路上，紧接着一片欧洲羽节蕨的旁边是一片迷人的白色小花。它蔓生的根在苔藓下延伸，每隔几英寸就长出直立的小茎和浅白色星状花的叶子。那是七瓣莲（*Trientalis europaea*），一种北方山林中最为常见的本地植物，是最优雅的林地花卉。

各种不同水仙的种植团块……"格外的漂亮"。贝母（fritillary）和其他小型的球根花卉也可以用来延长这个季节的观赏期。

白色的诗人水仙 (poet's daffodil) 和小杯水仙。

31

白色的毛地黄（foxglove）花序点亮了林地花园的黑暗角落。当种子成熟时，杰基尔小姐便在树桩移走的地方撒上种子，以掩盖树坑。

左右两边，白色的毛地黄直立在欧洲蕨之间。当毛地黄的种子成熟时，我想起了去年冬天挖树桩的地方，就在那儿撒上了一些种子，然后耙平。其间会全然忘记，两年后这里会出现壮观的毛地黄。看到它们大大的实心的穗状花序直立着有六七英尺高，会让人非常高兴。回头再看看低处的七瓣莲，淡色小花缀在纤细如线的花茎上，你会意识到它们存在的重要性和趣味性。

沿着蕨类植物步道继续向上，靠近上面延龄草组团的是一片有着圆形、闪亮叶子的植物。那是维州细辛（Asarum virginianum）；它新奇的蜡质、棕色和绿色的花，具短柄，掩藏在叶柄的基部。附近，在一片暗绿色苔藓中贴地长出一种有趣的植物——小斑叶兰，一种陆生兰花。很容易错过它，因为它奇异的白色叶脉的叶子半藏在苔藓中，并且它淡淡的青白色穗状花序并不明显；由于我知道它在那里，即使不跪下寻找也不会错过了。我们不要只是赞赏它的美，还需要细心地去除周围一些靠得太近的苔藓，避免形成侵害。

到此，蕨类植物小路的景致被打断，或者说开启了另外一个篇章。绿色步道其中的百合小径从右面加入进来，过去一点儿，屹立着老树林中第二大的欧洲赤松，它的树干在离地5英尺处周长达9英尺半。粗糙的冷灰色和绿色相间的可爱干皮色调让人惊奇，裂缝和孔洞中是闪亮的深棕色。外层树皮剥落的地方是暖暖的淡灰红色，很特别。这棵大树的树冠有70英尺高，高出周围橡树和桦木的枝叶很多。树后靠近根部的地方是一棵冬青和一棵山地花楸，沿着蕨类小道走上来能够看到它们。

这个地方是几条道路的会合点。右面是宽宽的百合小径；再向右，斜对角的一条道路延伸到了落叶杜鹃（azalea）和岩蔷薇属植物的区域；直着向前经过大树是一条覆盖着越橘（whortleberry）的步道，穿过橡树、冬青和桦木树下的整个越橘区；最后是蕨类小道的延续部分。沿路向前，能够看到前面一点的地方树荫变得紧密起来，因为大部分是橡树。进入之前，右边缓慢升起的坡地上有一片亮绿色的叶子，5月份那里密

从下到上依次为：耳蕨
(shield fern)，双叶舞鹤草
（*Maianthemum biflorum*）
和欧洲越橘（*Vaccinium myrtillus*）。

密匝匝地开出了整齐的白色花。那是舞鹤草（*Maianthemum bifolium*）。这种非常可爱的植物出现在这里能让喜爱自然荒野趣味的园艺爱好者欣喜，它与自然生长的矮小越橘和耳蕨（shield fern）宽大优美的叶子所形成的背景完全契合，看起来就犹如天然生长的一般。

小路经过一棵很大的冬青，上面缠来绕去攀附着野生忍冬（honeysuckle）。忍冬的茎干就像粗大的绳索一样攀爬在树上，末端的小枝有些钻出树冠，有些覆盖着路面，像一团混乱的细绳。

小路持续上坡，现在坡度有点陡。树木的特征开始发生变化，橡树取代欧洲赤松。就在开始变化的地方，左右的坡地上覆盖着北美白珠树（*Gaultheria shallon*）鲜亮的绿叶。20 年前只在这里种下了几小片，

现在长成紧密的、绿油油的一大片，有二三英尺高，三十英尺长，而且向左右的林地中延伸了数码远。这样的轻质泥炭土最适宜种这种小灌木。在死气沉沉的冬天完全展现了绿叶之美，在夏初会开出杨梅状的美丽花簇。而后结出漂亮的有黑醋栗果那么大的黑色浆果，覆盖着蓝灰色的花。

接着穿过另一条宽宽的草径，这里的地被全是欧石南；8月份会出现一条 14 英尺宽、开满灰玫红色花的道路；我们现在位于欧洲赤松林区的顶部，林下生长着越橘树。

旁边的林地步道几乎笔直地穿过场地的中间。它起始于住宅边的小草坪，在一条草径的引导下先经过小灌木和几块精心布置的当地砂岩共同构成的丘状组合。马醉木、茵芋（*Skimmia*）和高山玫瑰杜鹃花已经长成了坚实的组团，所以只是零星地露出石头的边角。我的朋友问："你是怎样让这几块石头自然地露出地面的？"这时我的心里感觉美滋滋的，心想那几块石头或许处理得还不错。

在接近林地中央的区域清理出一片足够大的场地，一天当中让阳光能够照到大部分的地方。这是为了种植岩蔷薇属植物，也是对贫瘠的土地上造园的一种补充。只需翻松土壤略作准备，这些亮丽的灌木就能生长得很好。我花园中的土壤就很不好。在林地景观中表现很好的种类有月桂叶岩蔷薇（*Cistus laurifolius*）、艳斑岩蔷薇（*Cistus × cyprius*）。月桂叶岩蔷薇是最耐瘠薄的，艳斑岩蔷薇相当漂亮，花朵三英寸半宽，极淡的白色，在每个花瓣的基部有一个红紫色的斑。它的生长姿态也很自然而优美。月桂叶岩蔷薇是生长较密的灌丛，它比艳斑岩蔷薇开花量大，没有彩色的花斑。但是，老龄后一些枝干倒伏贴地，习性发生改变，有自然如画的效果。这两种大片生长的岩蔷薇属植物种植在有阳光的林地边缘能够很好地展现野生的景观。它们不只是被种在这片专用场地上，也用在草径边缘、林地步道与草坪的衔接处。

在这背风向阳的岩蔷薇种植区中有一丛原生的野生石南，还增加了一些其他种类的石南，隧毛欧石南（*Erica ciliata*）和康沃尔欧石南

(Cornish heath)；在小草径的交接处有一小片白色的大宝石南（*Daboecia cantabrica*）。

目前正在计划对林中空地进行扩张，建造一个石南园，那肯定能为即将到来的冬天带来许多美好的景观。

III
春季花园

我的花园很自然地被分成几个部分，所以每个部分都会有各自的特点，而且我发现在花园的某个部分只展现某一季的花卉景观，效果不错。

因此，我的花园中有一个部分是完全展现春季花卉景观的小花园。这个小花园中的花卉从 3 月底开花，盛花期是 4 月直至 5 月的前三周。

由于植物选择问题，一些最好的春季花卉并没有得到应用，所以在很多地方春季花园比夏季花园的景观逊色。

我把春季花园安置在高墙南面的末端，这个高墙是为大型的夏季花境抵挡北风和西北风而设立的。大约 11 英尺高的紫杉绿篱与墙相连接，绿篱高度与墙高相近，所以墙的线条感被延续。在最末端，紫杉绿篱向左延伸，从东面围住春季花卉并遮掩住了一些棚子。这个空间中还有直径约 8 英尺的近圆形的牡丹（tree peony）种植床和草坪地块，几乎全被橡树、冬青树和欧洲榛树（cob-nut）所围绕。这儿可以说没做什么设计：空间划分完全根据现状条件而定，道路设置极为简单，色彩应用很精细。真正如其所愿地形成了一幅春季花卉的景致。

大量的色彩展示在主花境中。而春季花园通常开花稀疏、效果差，所以需要一些重要的观叶植物作为补充。但其中大量的观叶植物看起来只是临时的替代材料。在较小的空间中，全部种植春季花卉似乎更重要，不应缺少花卉。但在 4、5 月就能长得很大并且具有漂亮叶子的草本植物其实并不多。我能想到的最好的植物就是藜芦（*Veratrum nigrum*）、甜芹（*Myrrhis odorata*）以及吴氏大戟。甜芹是应用在英国古老花园中具有芳香气味的没药科植物，伞状花序，5 月初开花，似蕨类的大叶子在 4、5 月就长得比较大了。若在良好的栽培条件下，其三杰基尔小姐非常喜欢大戟属（Euphorbia）植物，因为它有坚实的轮廓、柔软的灰绿色叶子以及较长的花期。这儿的亮黄色与英国野地风信子（bluebell）形成强烈对比，强调了落叶杜鹃（azalea）花境中的暖黄色和橘色。

年生苗的株高和冠幅可达3英尺。尽管在它的第一个生长季可以通过去叶和摘心等措施抑制其生长，但三年以后，植株还是长得太大。藜芦的叶子不裂、有褶皱，而且也很大，与大型的心叶岩白菜（Bergenia cordifolia）株丛搭配在一起可形成强烈的对比。吴氏大戟以及一些暗色的铁筷子会给人留下景观持久和独特的好印象，而这往往是春季花园所缺少的。

在许多年以前我就说过，在花境中以长条形团块种植比方形团块种植的效果要好。以长条形团块种植不仅有生动的景观效果，而且即便在植株枯萎后，这种狭长的种植团块也不会留下一大块难看的空地。"飘带"一词准确地描述了我所说的这种形状，所以我在形容长条形的种植团块时经常用到这个词。

当然，许多植物都是以一个特定的株丛或是单株形式展现出的景观效果最好，比如白鲜属（Dictamnus）植物以及漂亮的浅黄色川鄂芍药（Paeonia wittmanniana），这两种植物就是以单株的形式种植在主花境的开端。

在花境开端的7、8码处，位于前部和中部的空间里种植着浅色植物——浅色的报春花（primrose）、黄水枝属（Tiarella）、浅色的黄水仙、浅黄色的早花鸢尾（iris）、浅柠檬色的桂竹香（wallflower）、重瓣南芥属（Arabis）、白色的银莲花属（Anemone）植物和淡紫色的南庭荠属（Aubrieta）植物等；还有一种漂亮的浅紫色杂种鸢尾；还种植着长条状的浅黄色郁金香——它们比垂花郁金香（Tulipa retroflexa）的色彩还要浅。在花境的后部空间里，植物的色彩要深一些；种植着紫色桂竹香和一个被不恰当地称为'蓝色天空'（Tulipa 'Bleu Celeste'）的暗紫红色的重瓣郁金香品种。它们有的穿过第一丛藜芦，有的在其中，有的在其后。

在花境的中间段，位于前部也适当种植了浅色和亮色的植物：有白色的报春花和水仙，浅黄色的垂铃儿属（Uvularia）植物和春侧金盏花（Adonis vernalis），但与此同时还种植了一些色彩较深的植物：如暗黄色的'瑞蚤劳拉'郁金香（Tulipa 'Chrysolora'）、黄色的桂竹香以

从上到下依次为：心叶黄水枝（*Tiarella cordifolia*），浅黄色的早花鸢尾和最浅紫色的南庭荠（*Aubrieta*）。

及高大的多榔菊属植物（*Doronicum*）；在后部则种植了几丛黄色的帝王贝母（crown imperial fritillary）。

再回到花境前部，种植了重瓣南芥属植物和可爱的浅蓝色疏花勿忘我（*Myosotis dissitiflora*）以及美国滨紫草（*Mertensia virginica*），还种植了有泡沫状花序的黄水枝属植物、浅粉色的隧毛荷包牡丹（*Dicentra eximia*）以及粉色和玫红色的郁金香。在它们后面种植了红色的郁金香、奶白色的克美莲（*Camassia leichtlinii*）和一丛粗质的黄精（Solomon's seal），然后是橘黄色的郁金香、棕色的桂竹香、橘红色的帝王贝母和较高的红色郁金香（*Tulipa gesneriana*）品种。在靠近老鼠簕属株丛的十字路口那边，强烈的色彩加以重复，种植了橘红色的郁金香、棕色的桂竹香、橘红色的帝王贝母和漂亮的猩红色郁金香。所有的这些植物在深色的紫杉绿篱背景前效果很好。末端，在紫杉绿篱成直角拐向前面的地方，通过堆起三角形的土堆和干石墙进行强调，面向花境和观赏者的一面向前稍微弯曲。在土丘的后部种植了一株凤尾兰（*Yucca gloriosa*）幼苗以便未来几年展示，在凤尾兰前面种植了大型的吴氏大戟，它是最近应用于花园的最大型和最漂亮的植物之一。

老鼠簕属植物和丝兰属植物是仲夏和夏末开花的植物，在它们之间种植着一些火炬花。花园主干道在爬满月季（rose）和铁线莲的棚架下穿过，两边经常种植这些植物。在附近绿色植物的框定下，形成了晚夏的惊艳画面。

左边，有一个向上倾斜的堤坡，由大块的岩石构成，岩石像是从地下自然裸露出来的一样。在隆起的地面上种植冬青。在这里，植物都绕开岩石种植。从那棵大冬青旁边直至岩石场地的中部，都种植着深红色和棕色的植物，如棕红色叶子的矾根（*Heuchera hispida*）。还种植了深绿色地毯状的白花屈曲花属（*Iberis*）植物，在紧邻道路的地方种植了蓝色紫草（*Lithospermum diffusum*）。配置的植物花色在这儿发生着一些变化，从白色到蓝色和浅蓝色。前面的勿忘草属（*Myosotis*）植物和后面深色叶的紫草属（*Lithospermum*）植物相得益彰。在最高点，紧挨着一块巨石的地方，种植了普通的蓝色鸢尾和浅蓝色的中间品系鸢尾。沿路下来转弯的地方，是一个蓝紫色的蓝色福禄考（*Phlox divaricata*）飘带形团块，在十字路口的对面，种植了浅黄色的新品种金庭荠（*Alyssum saxatile* var. *citrinum*）。贯穿整个蓝色和红色区域，精心搭配着白色郁金香，看起来很自然，使得岩石路肩更具趣味。从西面审视这个堤坡，就会发现紫杉绿篱作为花卉背景的价值。在堤坡的后面是冬青，然后是绿篱。由于绿篱还未达到成年的高度，所以顶部轮廓有些参差不齐，但再过两年就能成形。

在靠近月季和铁线莲棚架的拐角处也是轻微抬高的堤坡。绣球藤（*Clematis montana*）花序在欧洲榛树之间摇曳，垂下的花序几乎能触到一些浅粉色牡丹的花朵。透过绣球藤的花序和榛子树的枝条，正好可以瞥见远处精心设计出的一些美景，比如可以看到正对座椅左边的堤坡处，种植了浓灰色的卷耳属（*Cerastium*）株丛，并在其中配置了两个似鱼形的浅色南庭荠团块。

紧邻道路拐角处的配色正好相反，但有其自身特点：以灰色的蝶

须属（*Antennaria*）植物作为基底，柔和的丁香色的'摩尔黑莸'紫芥菜（*Aubrieta deltoidea* 'Moerheimii'）向左逐渐过渡为深粉色的平卧福禄考（*Phlox amoena*），还有南庭荠属一些深紫色的品种如穆勒博士（*Aubrieta* 'Dr Mules'）。在面对橡树的左边部分，多以紫色为主，有丛生的春花香豌豆（*Lathyrus vernus*）和紫色的桂竹香，在榛子树（nut-tree）的基部和后面，种植了紫色的缎花（honesty）。狭窄的白色郁金香条带与粉色郁金香条带混合，填满了转角空间并延续到主路，这条主路两边种植着重瓣的南芥属植物、白色屈曲花属植物以及大量优美的浅黄色的乳黄堇（*Corydalis ochroleuca*），一直延伸到种植着牡丹和铁线莲的宽广草坪。

　　在更远处，看不见榛子树的地方，种植着一些荷包牡丹（*Dicentra spectabilis*）团块，它优美的拱形枝条悬垂在植株较矮的粉色郁金香上，与后面粉绿色叶的牡丹完美地融合在一起。这里种植的粉色郁金香数量达到了一定的规模：醒目的郁金香团块穿插在大片浅蓝色的勿忘草属之中，在画面需要深绿色的地方种植了更多的屈曲花属植物，在画

狭窄的白色、粉色郁金香（tulip）种植条带穿插在大量的浅蓝色勿忘我团块中充分显示了春天花园的优雅。雉眼水仙（pheasant-eye narcissus）在郁金香中提供了亮色的点缀。

春季花园中的南庭荠（*Aubrieta*），平卧福禄考（*Phlox amoena*）和白色、粉色的郁金香（tulip）。

面需要较柔和的灰色调的地方种植了更多的紫堇属植物。

在榛子树和橡树下面，大面积地种植了漂亮的白花碎米荠属（*Dentaria*）植物和北美的大花垂铃儿（*Uvularia grandiflora*）团块，大花垂铃儿在习性上与黄精相似，但它的黄色花朵更大一些；后面种植的是甜芹属植物和紫色的缬花，前面种植着成片的香车叶草（woodruff）。

在长花境以及其他两个花境中都种植了牡丹。尽管我给牡丹施了堆肥，但它在炎热、干旱、沙质的土壤中还是很难生长。后来我发现牡丹在有其他植物遮荫的条件下生长最好，所以我在牡丹种植床边种植了一些'阿尔弗雷德卡利埃夫人'（*Rosa* 'Mme Alfred Carrière'）月季，并将这种月季培育成拱形为牡丹遮荫，以便促进牡丹生长。在种植床边缘处不规则地种植绵毛水苏（*Stachys lanata*）用于镶边，它是展示灰色调最有用的植物之一。

在长花境距边缘约 2.5 英尺的地方种植牡丹。为了营造骨架并给牡丹遮荫，种植了一些短管长阶花（*Hebe brachysiphon*）株丛和一两棵鬼吹箫（*Leycesteria formosa*）。在花境中间种植了一丛大百合（*Cardiocrinum giganteum*）和一丛荷包牡丹。整个沿着花境外围，种植着漂亮的块状和长条形植丛的矮生鸢尾，有矮鸢尾（*Iris pumila*）、奥尔比鸢尾（*I. olbiensis*）和佳美鸢尾（*I. chamae-iris*），以及其他一些有着相同株高和习性的种类。在遵循总体设计的前提下，所有空地都种植了不同色彩的桂竹香和缬花。狭窄的花境中主要用小檗（*Berberis*）等小型灌木形成组团，与篱一起延伸到左边；有高约 4 英尺的双边干石墙，墙内培土，在小檗、弗吉尼亚蔷薇（*Rosa virginiana*）、密刺蔷薇（Burnet rose）的上方形成密实的种植。其中除了小檗以外，其他植物在春季都不开花，但整体上成为一个非常棒的背景。

红色的报春花种植在紧邻十字墙的狭窄花境中；这儿的墙比右边的墙要矮很多。报春花与红叶矾根搭配在一起非常和谐。更远处是红色的郁金香。在这个花境中以及主花境的末端都种植着'阿尔弗雷德卡利埃夫人'月季和绣球藤，由结实的落叶松树干作为棚架支撑。它们种植在一起形成稳定繁茂的景观，而道路穿梭于棚架之下。右边的

上：矾根（*Heuchera hispida*）；
下：红色的报春花（primrose）。

44

高墙也被春天开花的植物覆盖，墙上攀爬的有莫利洛黑樱桃（morello cherry）、美味悬钩子（*Rubus deliciosus*）、绣球藤等，有的植物还从墙体的另一边蔓延过来。

这个墙是高墙的一部分，约占总长度的 1/3，墙体不仅从北面保护了大型花境中夏秋开花的植物，还形成了花园游乐区和工作区的分界线。

从月季和铁线莲棚架下能看到花园中最长一条道路的 2/3 和高墙的尽头，右侧的紫杉绿篱延续了墙的线条，左侧是榛子树。在右边，色彩搭配主要是浅紫色的南庭荠、白色的重瓣南芥以及浅色的水仙，后面则是硫黄色的帝王贝母组团。更远一点的地方种植着棕色的桂竹香、红色的郁金香和浅褐色的帝王贝母。从红色和浓黄色的花丛中向东望去，穿过月季和铁线莲拱券能够看到远处的夏季花园。

报春花花园设置在橡树和榛树（hazel）林中一个相对独立的地方。这是我为了收集大型的黄色报春花和白色报春花种类而设置的，经过 30 多年不间断的认真筛选，现在已经达到了优质的状态。

IV
春夏之交

春季花卉已经凋谢，完全进入 6 月之前大面积的鸢尾和宿根羽扇豆（perennial lupine）尚未开放。这是春夏交替的时刻，非常值得为这个季节设置一块场地。我就有一个被称为隐秘花园的地方，因为它在角落里，不知道的人会很容易忽视它的存在。虽然在这个花园的两端也设有两条近 10 码宽的路，但没有一条主干道通向这个花园。隐秘花园是位于冬青栎（*Quercus ilex*）林和冬青林中的一块空地，其间设置了三条蜿蜒小路，但在外面很难注意到。其中最重要的一条小路设置在竹丛以及紫杉和冬青栎林之间。另一条小路起始于大桦木树下的小檗丛中，环绕高大的大果柏木（Monterey cypress）。第三条小路由一些粗糙的石阶组成，从其中一个庇荫的林中空地开始延伸至小花园。

设计很简单，小路都是根据现状条件自然布置的。主路由一些矮的、粗糙的石阶通向左边有阳光的堤坡和右边多石的土丘。土丘被高山杜鹃（alpine rohdodendron）和马醉木属等小灌木覆盖。这个土丘和左边的堤坡在靠近道路最低的位置有几段干石墙。一条交叉小路从右边弯曲着接入主路。

穿过花园的道路也是用粗糙的石阶砌成的。苔藓状的科西嘉蚤缀（*Arenaria balearica*）紧紧贴附在石阶阴冷的表面上，黄精似蕨样的叶子从道路两边悬垂下来，仿佛是为远处宽阔的绿色林地步道中所蕴涵的昏暗而神秘的情调谱写序曲。

这个小花园是为 5 月末和 6 月的前两周而设计的。穿过紫杉通道，花园呈现出良好的视觉效果。最引人注目的当属丁香蓝色的蓝色福禄考和两丛牡丹③——一丛是玫瑰红色的'伊丽莎白'牡丹（tree peony

'Elizabeth'），一丛是橙红色的'都铎伯爵夫人'牡丹（tree peony 'Comtesse de Tuder'）。植物深暗的叶色为小花园营造了安静的氛围，这儿不要出现强烈的色彩，所以不会种植绚丽的东方罂粟（oriental poppy），尽管它在稍阴的环境里表现很好，也不会种植任何亮黄色的植物，因为它们需要更大的空间和较强的阳光。

上述两类牡丹只在两个组团中出现：对于这个小空间来说已经足够了。在'都铎伯爵夫人'牡丹前面的是一丛圆叶玉簪（*Hosta sieboldiana*），它略带蓝色的叶子与牡丹的叶色搭配在一起效果很好；紧邻它们的是一丛深绿色的细辛属（*Asarum*）植物。附近种植着具有黄色花和灰色叶的乳黄堇、白色花的香车叶草、浅绿叶色的淫羊藿属（*Epimedium*）植物；还种植了东方铁筷子株丛，长出的新鲜嫩叶，可以作为蕨类植物羽状叶及大型黄精的背景；绣球藤的花序从棚架上自然地悬垂下来。后面是紫杉树和正值嫩叶期的山毛榉树。

从上到下依次为：牡丹（tree peony）、圆叶玉簪（*Hosta sieboldiana*）、欧洲细辛（*Asarum europaeum*）。

从右上角向下依次为：乳黄堇（*Corydalis ochroleuca*）、黄精（Solomon's seal）、淫羊藿（*Epimedium*）。

不远处，土丘的山脚下是一片伦敦虎耳草，其间穿插种植着比它高的白色的乐园百合团块。再往里几英尺的地方，种植着可爱的似百合状的圆果吊兰属植物（*Anthericum*）和正蓝色的浅棕苞鸢尾（*Iris cengialti*）①组团。土丘的后面种植了一些色调柔和的中间杂种鸢尾，株高约 2 英尺，有着浅丁香色的花和深绿色的叶。道路旁边种植着白色花的屈曲花属植物和大花三色堇（pansy）以及鸢尾。

但土丘之美在于长条形的蓝色福禄考团块，在直至左边的阳坡上这种色彩有些相似地再次重复。这里，混合种植着蓝色福禄考、浅粉色的苏格兰蔷薇（Scotch brier）、浅黄色的紫堇属植物和开白花的山蚤缀（*Arenaria montana*）团块。在斜坡的尽头，蓝克美莲（*Camassia quamash*）与蓝色福禄考搭配种植，使蓝色福禄考的色彩显得更深。斜坡的整个背面都自然地种植着灰白色的耧斗菜（columbine），其园艺种类用种子繁殖很容易，最早来源于一些北美的种。这种耧斗菜的花具长距，浅黄色或暖白色花，有些花朵的外部略带紫色，就像是洗得有些泛白的棉被的颜色一样。

右侧阴暗的树丛中攀爬了一些月季——'保罗氏卡梅恩皮勒'（*Rosa 'Paul's Carmine Pillar'*）和喜马拉雅山复伞房蔷薇（*R. brunonii*）。这里的红色月季不如在阳光下开花效果好，但开花的枝条却蔓延到了冬青树上。其实，在自然的环境中花朵的少量点缀比花朵的大量聚集可能会更愉悦艺术家的眼球。在冬青树下面，耐寒的蕨类植物在树荫中生长茂盛。再过些时候，可爱的玫红色红点百合（*Lilium rubellum*）、漂亮的黄色红药百合（*L. szovitsianum*）和暗黄色的棕黄百合（*L. × testaceum*）等植物将会从蕨类植物中生长出来。

在左边，位于向阳坡面的后面，'花环'月季（*Rosa 'Garland'*）和一些单瓣野蔷薇（*R. multiflora*）从紫杉中冒出，穿过冬青栎，蔓延至约 150 英尺的范围。

冬青和冬青栎生长很快，几年后就会覆盖整个小花园，这对于现在这些花卉来说可能会太荫了。到那时，这个小花园可能就会改变原有面貌而成为一个蕨类花园了。

所有的园艺都意味着不断地改变，林地就更是这样了，比如我的那些小树林就在不断地变化着。令人高兴的是，每个新事物的成长都展示了一段新的美丽，对此，我们应该有正确的理解，并应通过适当的引导使花园景观越来越优美。

浓荫下的小花园具有独特的、宁静的魅力。当人们突然发现隐秘花园时，惊喜会被瞬间激发。园主人通常会佯装成这儿没有花园一样，游客发现它时的惊喜不仅因为这儿有一个花园，而且是一个非常漂亮的花园。

隐秘花园的面积很小，连它的边界也都种得很密，所以没有足够的空间留给这一时期更多的开花植物了。我们熟悉的 5 月开花灌木主要有丁香（lilac）、欧洲荚蒾（guelder rose）、白色金雀花（broom）、金链花（laburnum）和多花海棠（*Malus floribunda*）。还有一种灌木也很漂亮并且容易栽培，但却经常被忽视，那就是白鹃梅（*Exochorda racemosa*）——与绣线菊属（*Spiraea*）有亲缘关系，因其具有珍珠状的花蕾而得名，漂亮的花序使得它在任何一个花园中都能应用。

我们熟知欧洲荚蒾，它有着白色的圆球形花序，其园艺品种的观赏价值极高而不应被忽视。它是一种乡土植物，生长在潮湿的环境中，比如湿生草甸的边缘和溪流的旁边，英文名称为 water elder。其园艺价值不仅在于它漂亮的花序，还在于它漂亮奇特的果实。到了秋天，红艳艳的果实使得整个植株大放光彩。将它种植在较干燥的土壤中会比在自然生境中的植株要小。

白色金雀花于 5 月中旬至 6 月的前两周开花。它与一种深紫色的被称为'紫色国王'（*Iris* 'Purple King'）的鸢尾搭配效果较好。除此之外，它还与浅丁香色的杂种鸢尾以及阿尔泰山茴芹叶蔷薇（*Rosa pimpinellifolia* var. *altaica*）搭配效果很好。亚洲的月季和密刺蔷薇相似，生长粗放，都开柠檬白色的花。当任何一个植物组丛中种植了白色金雀花，别忘了它会长得很高、很长。虽然它耐修剪，但最好的方法是在植株的后面再种植一些植株。等几年后，如果前面的植株长得过高，可将后面的植株折弯并固定在支柱上，以便让它们的花头处在需要的高度。这是维持花园景观众多方法中的一个，这些方法都是来源于不断的实践和思考。组群下部的灌丛组团可以在后面栽种黄精，如果在

藤本月季（*Rosa* 'Kiftsgate'）蔓延在冬青上，这是最令杰基尔小姐满意的花园景观之一。短暂的白色花朵在常绿的深色叶中摇曳，下垂的拱形枝条与直立的冬青枝干形成了最生动的对比。

左边：白鹃梅（Pearl bush, *Exochorda racemosa*）；右边：白色的金雀花（broom, *Cytisus albus*）

'贝内登'悬钩子（*Rubus × tridel*，左边）的白色花朵与羽毛状的丁香（lilac）花以及下层健壮的鸢尾（iris）都为花园的阴暗角落增添了亮色。甚至一株郁金香（tulip）的花朵也起到了这样的作用。

隐秘花园的平面图。

阳光下，前面可以栽种屈曲花属植物和乳黄堇作为更低的底部栽植，如果在庇荫处，可以是黄水枝属、香车叶草或林地银莲花（*Anemone sylvestris*）。除此以外，如果需要嫩绿色叶的植物，可以种植大花垂铃儿和羽状淫羊藿（*Epimedium pinnatum*）。有一种矮型的白色金雀花，株型不仅矮而且紧凑，成片地种植在那些较老的、较高的金雀花株丛前面非常好用，也可以用在早先的植株长得过大的地方。

在5月，大型的吴氏大戟是一种极好的植物。它大型的黄绿色花柱在5月表现最好，而且在6月和7月依然有较高的观赏价值，它蓝灰色的叶子在一年里的大部分时间都非常漂亮。它的应用形式较多，可以用在设计粗放的花境中以及中等大小的灌丛中，但我认为它最适合应用于风格粗放的岩石园中。

52

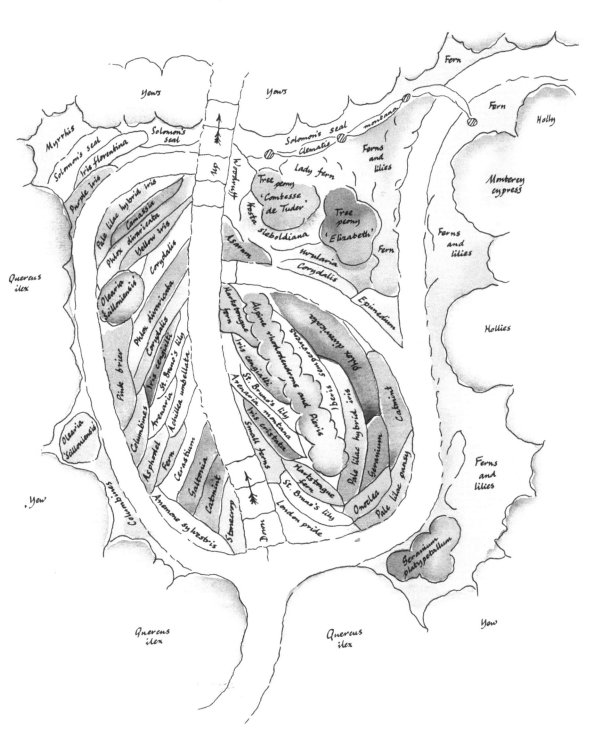

　　我尚未实现的愿望之一就是想拥有一个阳面的多石的山坡，这个山坡要非常陡峭，上面还有着由平滑岩石做成的墙，墙偶尔被几块突起的岩石打断，种植着植物。我会在岩石坡面上栽种高高的丝兰映照于蓝天下，以及其他一些植物。我会选择大型的大戟属植物和一些灰色调的植物，如糙苏属、薰衣草、迷迭香、岩蔷薇属以及大片的厚敦菊。这里将是一个巨大尺度的岩石园，种植着一些自然中生长的植物，种类不太多。因为限制一些植物种类可能会更具有随机生长的感觉；在人工栽培中很难见到这种大尺度、植物自由生长和展现自然效果的景观。除了自然的山坡外，游乐场地或是附近的老采石场等一些地方都很值得去做这样的种植设计。

V
6月花园

在草坪和西班牙栗树那边，我建了一个小屋。建造住宅部分的时候，我曾在这个小屋里住了两年，以后或许为了弥补资金上的空缺会把它出租。如果承受上帝的恩赐，遇到有钱的痴迷的花卉爱好者或是非常安静的夏季租客，我就会把我的宝贝小屋出租给他们几周。另外，这个小屋还有很好的其他用途，比如种子干燥、百花香料的准备等。

花园前部和后部的大部分是6月花园。种植了芍药、鸢尾、羽扇豆和其他一些这个季节正值花期的植物以及花期稍晚的植物。小屋的入口之上建有拱形棚架。靠近小花园右边是一株高大的冬青树，绣球藤从冬青树中伸出来。小花园的左边非常深远，因为它的一边是一条小路，另一边是一条石质铺路，并由双排的月季藤架或矮拱门形成框景，藤架的基础都种植着蕨类植物和似蕨的没药科植物。漂亮的甜芹有很多应用方式。可以将它种植在任何地方，它的叶子在早春就有很高的观赏价值。芳香的肉质大根能深深地扎入土壤，所以植株在两年内就可以达到成年的尺度。5月末，当它的花已凋谢、叶子完全生长的时候，进行一次修剪，植株会随即长出新叶并一直持续到夏末。这种植物主要作为花卉的陪衬或背景来用，还可以作为灌木基础种植、废弃地或空地美化，还适用于荫蔽的环境。在东面花境的背景植物中，除了蕨类和甜芹，还种植了白色的毛地黄，大型的白色耧斗菜以及高秆的白色桃叶风铃草（*Campanula persicifolia*）。稍靠前的地方种植了芍药花丛。在花境前面的那条人经常行走的道路两边，不能只种植6月开花的植物，还需要种植6月之后几个月开花的植物。因此，所有的空地都种植了钓钟柳（*Penstemon*）和金鱼草（snapdragon）等整个夏季都会开花的植物，并且为了7月初就有花卉景观，还种植了古老的花园月季品种——'大暗粉色的月季（rose），高耸的毛地黄（foxglove），暖白色的芍药（peony）以及银色叶的梨树（pear）显现了杰基尔小姐更柔和的色彩设计。白色的天香百合（*Lilium auratum*）以芍药的叶子作为背景，深蓝色的蓝雪花属（*Ceratostigma*）植物（前面）与梨树在之后的季节里呈现出更鲜亮的和谐色。

从右上角向下依次为：似蕨的甜芹（*Myrrhis odorata*）、白色的毛地黄（foxglove）和欧洲鳞毛蕨（male fern）的绿叶。

马士革'（*Rosa* 'Damask'）和'普罗旺斯'（*R.* 'Provence'）。在整个小花园的西南角种植了知名的'花环'（*R.* 'Garland'）月季，夏天开花非常漂亮，并没有给它做棚架或支撑，而是随其自然生长，枝条也未修剪。对它需要做的养护管理就是每隔三四年，将株丛内部枯死的枝条修剪干净，整个植株看起来就非常有生气了。

穿过西南角往前的一条小路，经过工作室门口到达一个石质铺装的小院，小院中有一个紫杉做成的凉亭，下面放置了一个座椅。凉亭前粗糙的木架上攀爬着一种蔓性月季——'桑德白蔓'（*Rosa* 'Sanders White Rambler'）。右边紧邻铺装的地方，种植着两株大型的普通月季，植株的总冠幅约有三四英尺。这些古老的花园月季，嫁接在刺狗蔷薇（dog rose）之上，曾一度在村舍花园中流行。其中一个品种是天蓝蔷薇（*R.* 'Céleste'），开柔和的玫红色花，略带蓝色的大叶子显示了它与白蔷薇（*Rosa alba*）之间的亲缘关系；另一个品种是白色的普劳媞夫人（*R.* 'Mme Plantier'），开着丰富的纯白色花，对我来说，它

可谓是古老花园里最有魅力的花卉之一。它几乎可以采用任何方式应用，比如作花柱、花架、花篱、花丛以及用于村舍花园或与初夏花卉搭配应用于花境中，都能达到很好的景观效果。'锦缎红'（*Rosa* 'Blush Damask'）月季花期稍早一些，它也是漂亮的古老月季之一。它们都可以大量应用于花园中，但却很少见。

紧邻铺装的花境中成丛地种植着古老的欧洲芍药（*Paeonia officinalis*）。到了6月末，芍药花凋谢后，早花的橘色百合正值花期。高而宽的黄杨绿篱（box）使得花境有了整齐的背景框架，而且在这个区域体现出了村舍花园的感觉。紫杉凉亭的后面就是隐秘花园的一角。沿着这条小路往前走，穿过小屋，就来到了6月花园的其他部分。这儿的空间较大，中间被两条迷迭香镶边分隔，迷迭香需要修剪，不让它长太高是为了保证入口的通畅。

紧邻小屋的一边，主要种植着丁香色、紫色和白色的花卉。浅丁香色的鸢尾，包括法衣香根鸢尾（*Iris pallida* var. *dalmatica*）和玫红色的'五月王后'（*I.* 'Queen of the May'）鸢尾；还有白色、蓝丁香色和紫色的宿根羽扇豆——这是一个少见的纯正的紫红色品种，不带一点瑕疵——我只能称这种色彩为深紫红色；还种植了一丛象牙色的假升麻（*Aruncus sylvester*），植株大型，适用于溪流旁边。这儿还种植了一些肉粉色的白花芍药和较低矮的猫薄荷，大型的蓝紫色的老鹳草（cranesbill）和宽瓣老鹳草（*Geranium platypetalum*）以及白色和浅黄色的西班牙鸢尾（Spanish iris）。在接近小屋对面的拐角处种植着一片粉色的伦敦虎耳草，再往后是浅黄色的堇菜属（*Viola*）植物以及白色花的西班牙鸢尾，它们与蓝色的浅棕苞鸢尾和赛龙榄叶菊（*Olearia* 'Scilloniensis'）搭配在一起效果非常好。一种名为'查迈隆'（*Iris* 'Chamaleon'）的早花鸢尾，近乎浅棕苞鸢尾的色彩；它是我所知道的花最蓝的鸢尾品种，种植在榄叶菊属（*Olearia*）之间或周围，形成色彩图画的一部分。

再往后，种植了两株淡蓝色的牛舌草（*Anchusa* 'Opal'）、一丛假升麻、一丛纯白色的羽扇豆以及一些高的亮黄色鸢尾和白色毛地黄。

现在色彩变换了，从一两丛中间色调的劣质鸢尾（*Iris squalens*）到宿根罂粟——最靠近道路的是岩罂粟（*Papaver rupifragum*），接着是绒毛罂粟（*P. pilosum*），这两种罂粟的花都是杏黄色。后面种植了一丛花园中经常应用的西班牙罂粟和东方罂粟（*P. orientale*）。这两者的叶子都很小。作为一种花园植物，如果尺度中等而花期较长是优势，西班牙罂粟就有这种优势，如果去除它的种子附属物再种植，它的花几乎能开过整个夏天。我把橘红色调的东方罂粟视为丹红色，它和一些深橘色的百合搭配种植能形成深色调的组团。

在花园的西北边，种植了一些荆棘和两株金钟柏（thuya），最主要的是种植着古老的花园蔓性月季，这种月季的亲本看起来像是常绿蔷薇（*Rosa sempervirens*）和原野蔷薇（*R. arvensis*）。我已经想不起来自己是如何得到它的，也忘了自己原本是如何配置它和其他植物的。它

从上到下依次为：肉红色的芍药（*Paenoia albiflora*），宽瓣老鹳草（*Geranium platypetalum*）和猫薄荷（catmint）。

这是一幅协调与对比的景色：柔和色的古老月季 (old rose)，杏黄色的毛地黄 (foxglove)，桃叶风铃草 (peach-leaved campanula)，拟鸢尾 (*Iris spuria*)，灰色叶的神圣亚麻 (*Santolina*) 和有着引人注目亮黄色花的'月光'蓍 (*Achillea 'Moonshine'*)。

在小屋厨房的窗子对面，当花盛开时可以部分遮挡阳光。我将它视为厨房月季 (kitchen rose)。现在，这丛月季的冠幅比设计中的要大很多，已经覆盖了邻近的金钟柏并蔓延到荆棘树上了，而且许多枝条离后面的道路也很近了。另外，还种植了一些大型植物——东方毛蕊花 (*Verbascum chaixii*)、欧芹 (*Heracleum mantegazzianum*) 和白色的毛地黄等。

早花球根花境，已经在前面的章节里阐述过了，位于这个花园的西部。在道路两边半阴的地方，种植了一些东方罂粟和橙花珠牙百合 (*Lilium bulbiferum* var. *croceum*) 的团块，由小檗属植物镶边。从花境的南端向西北面看，呈现出漂亮的深色调远景。

我特别渴望能另外有一些 6 月花境来更好地展现鸢尾的使用。但是有那么多建好的场地需要维护，就只能在苗圃地建造这样的花境了。虽然我自己舍弃了这份快乐，但我愿意就此向大家提出些建议。按照色彩规划，两个不同色彩的花境最好相互分离、单独欣赏，但将它们对面而置也没有太大问题。

第一个色彩方案是白色、丁香色、紫色、粉色的花和灰色的叶；第二个色彩方案是白色、黄色、棕黄色的花和普通绿色的叶。第一个方案，花境在初夏时主要表现鸢尾和羽扇豆两种植物的美丽景观。我仔细地考虑了其中鸢尾的株高、花期和色彩。在黄色花境中，我选择了一丛纯正的浅蓝色牛舌草，与浅黄色和白色的植物搭配种植。

必须记得，在所有的花境种植案例中，植物在刚种植的那年并不能表现出我们所期望的完美景观。鸢尾在第一个生长季里开花很少，要经过两三年才能生长旺盛。中国月季 (China rose) 的生长也需要时间。木羽扇豆 (tree lupine) 尽管生长较快，但也需要三年时间才能填满它们所在的空间，纯亮黄色是它最好的色彩，但花色很容易受种子变异影响而变得发白或带淡紫色斑点。由于种子繁殖的植株常会在第一个生长季就开花，所以应该做好色彩标记，对于古老的木羽扇豆来说，略带紫色更漂亮，它比纯色更显优雅。木羽扇豆和杂交种的羽扇豆生长周期都较长，如果不是将它们特意培养成短命植物，则需要通

6 月的猫薄荷 (catmint) 在灰色的 8 月花境中。一旦猫薄荷花朵凋谢就进行修剪以保证在 8 月二次开花。

过精细的修剪。在花后，每个枝条都应该剪除。光剪掉死花头是不够的，一旦花朵凋谢种荚开始形成时就应该将每个枝条都剪掉三分之二。

在紫花境的前缘种植漂亮的慕欣荆芥 (*Nepeta mussinii*) 作为镶边。在 6 月的前三周，慕欣荆芥限定了花境边界，尽管只有它在开花，不过灰白色毛茸茸的水苏和半成熟的丝石竹属株丛以及薰衣草和其他灰色叶子的植物，使得整个花境的画面已经很完整了。慕欣荆芥开花繁茂，与暖黄色的沙质道路形成对比，它柔和的色彩给人留下了深刻印象。慕欣荆芥的色彩是一种介于浅紫色和深紫色之间的紫色，这正是最讨人喜欢的。等它花期一过就要立即修剪，这时在主花头之下的花枝显露出来，在 8 月能再次开花。在另一个对应式花境中主要是 9 月开花的荷兰紫苑，其中的慕欣荆芥晚些时候再回剪。

6月花园的美景之一是漂亮的密刺蔷薇。在房屋的南边，种植着无花果（fig）、藤蔓、迷迭香和中国月季，然后设置了一条道路，这条道路从简易的石质台阶开始，经过约50英尺宽的草坪直到树林的边缘。在台阶的两边以及房屋前面都种植着等长的小月季花篱，以白色为主，也有玫红色和黄色。不开花时，密集生长的小叶子也很好看，甚至在冬天没有叶子时，暖棕色相互交错的枝条展现出的景观效果也不错，较高的观赏价值使得它非常适合应用在房屋附近。

6月也是一些攀援植物和色彩较柔和的灌木表现最好的时候，我们常沿墙布置攀援植物，如星花茄（*Solanum crispum*）、葡萄叶苘麻（*Abutilon vitifolium*）和耐寒的绣球藤。我们在后面的章节中会作重点阐述。

人们会经常观察优美的植物色彩组合，并尝试运用它。除了以上规划中展示的以外，下面是对6月植物搭配的注解：

山石中：中国月季'娜塔莉奈佩尔'（*Rosa* 'Natalie Nypels'）、柔和的粉色'劳蕾特梅西米'（*R.* 'Laurette Messimy'）、浅丁香色丛生的三色堇和伞形蓍（*Achillea umbellata*）。

浅粉色的矮月季'宝石'（*Rosa* 'Cameo'）、丁香色的慕欣荆芥、灰白色叶的水苏属和银叶菊（*Senecio cineraria*）。

灌丛边缘的冷凉僻静的环境：朦胧色的紫花唐松草（*Thalictrum aquilegifolium* var. *atropurpureum*）和白色的假升麻。

粗放的山石群中：大量纯色的缬草属植物（*Centranthus*）和深红色的金鱼草。这个组合的成功之处在于两种植物的质地和色彩相互映衬：令人满意的质地效果，就如同古老的意大利丝绒裁剪与未裁剪部分的对比感。

4月：丁香水仙（*Narcissus jonquilla*）和浅蓝色疏花勿忘我。

5月：纯蓝色的'蓝花'狭叶肺草（*Pulmonaria angustifolia* 'Azurea'）和白色的意大利绵枣儿（*Scilla italica*）。

灌丛边缘或冷凉半阴的环境：紫色的唐松草（*Thalictrum*

63

上：缬草属（*Centranthus*）；
下：深红色的金鱼草
（snapdragon）。

aquilegifolium）和白色的毛地黄，也可以是白花阔叶风铃草（*Campanula latifolia* var. *alba*）、漂亮的宽裂风铃草（*Campanula latiloba*）和欧洲鳞毛蕨或蹄盖蕨。

开敞的阳光地带：硕大刺芹（*Eryngium giganteum*）和欧洲海甘蓝（sea-kale）。

在花境的一段里可以种植开紫色花的土耳其鼠尾草（*Salvia sclarea*）、林荫鼠尾草（*S. nemorosa*）和紫色叶鼠尾草（sage）。

VI
耐寒的主花境

这个大型花境约有 200 英尺长、14 英尺宽。其北边有一个高约 11 英尺的沙石墙作为庇护，墙的大部分都被常绿灌木覆盖——如月桂树（bay）和棉毛荚蒾、墨西哥橘属（*Choisya*）、岩蔷薇属和枇杷树（loquat），它们都是开花植物的良好背景。位于墙基处的这个大型花境约 3 英尺宽，花境与墙基中间有一条窄的通道，从前面看不到，这是为方便花境后部的养护管理预留的通道。

任何一个花境不可能在整个夏天都保持盛花的景观，如我所愿是在夏末要表现最好，并不期望早在 6 月份就开满花。另有一个区域用于展示 6 月份的景观；所以此时主花境只是偶尔开花，大多是 3~5 年生的晚花宿根花卉，它们用色彩强烈的植物组团迅速地覆盖了地面。6 月初，主要有灰色叶的法衣香根鸢尾、蓝紫色的宽瓣老鹳草、大型的老鹳草⑤、慢长的白鲜（*Dictamnus albus*）、白色和粉色的蚊子草（meadowsweet）、毛地黄和风铃草（Canterbury bell）等，前面是一些长柱的常绿屈曲花（*Iberis sempervirens*）团块正好长到路边。大型的凤尾兰和弯叶丝兰（*Yucca recurvifolia*）长有粗大的花柱，6 月后才进入花期，花柱从大型的吴氏大戟株丛中伸出。吴氏大戟于 5 月开花，这时，大部分的黄色花已慢慢变成偏绿色，但仍然具有较高的观赏价值。位于墙中间的植物是开着白花的墨西哥橘（*Choisya ternata*）和绣球藤，还有欧洲绣球也长出了大型的白色球形花序。我喜欢将欧洲绣球和绣球藤种植在一起。位于北边以及东边的墙体景观也很美，铁线莲的花从荚蒾（*Viburnum*）的枝条上蔓延开来，非常漂亮。

6 月，大花境中闪耀的色彩团块是东方罂粟和丝石竹属植物的组合，当它们凋谢后，深橘色几近猩红色的橙花珠芽百合会覆盖这个空间。

65

绣球藤（*Clematis montana*）和（下面）重瓣的欧洲荚蒾（guelder rose）。

花境被十字路隔开了。图中的植物有：丝兰（yucca），绣球花（hydrangea），岩白菜（*Bergenia*），水苏（*Stachys*）。

在 6 月的第一周，花境被半耐寒的一年生花卉以及常被人们称作花坛花卉的植物填满。比如：天竺葵属（*Pelargonium*）、鼠尾草属（*Salvia*）、蒲包花属（*Caceolaria*）、秋海棠属（*Begonia*）、勋章菊属（*Gazania*）、马鞭草属（*Verbena*）。半耐寒的一年生花卉有非洲万寿菊（African marigold），深橘色和浅硫黄色、纯白色的单瓣矮牵牛属（*Petunia*），高大的藿香蓟属（*Ageratum*），高大的带条纹的玉米（maize），白色的大波斯菊（cosmos），硫黄色的向日葵（sunflower），福禄考（*Phlox drummondii*），旱金莲属（*Nasturtium*）和喉草（*Trachelium coeruleum*）。5 月种植的大丽花，将在八九月开花，若秋天栽植开花则更早一些。在植物种植之前，清理杂草之后将半腐熟的叶子以及旧温床的填充物等混合，作为花境的覆盖材料。这样做有两个目的，一是保持土壤温度，二是提供养分。

　　花境的种植设计展现了独特的色彩组合方案。在花境两端，植物以灰色和蓝绿色叶为主——水苏、神圣亚麻属、银叶菊、欧洲海甘蓝和欧滨麦（Lyme-grass），以及深灰色叶的丝兰属（*Yucca*）、直立铁线莲（*Clematis recta*）和芸香（rue）。在西边，种植着纯蓝色、蓝灰色、白色、浅黄色和浅粉色的植物：每种色彩一部分以清晰的色彩组团展现，一部分互相交融。然后色彩再从黄色过渡到橘色和红色。到了花境的中间部分，色彩更深更亮，但并不过分艳丽，而是十分和谐。然后色彩又以相反的顺序排列，从橘色、深黄色、浅黄色到白色和浅粉色，再是蓝灰色的叶。但在东边，代替纯蓝色的是紫色和丁香色的植物。

　　从花境前面的宽阔草坪看整个花境景观，像一幅画似的，两边的冷色包围着中间的暖色。从紧邻花境的大路上走过，能更强烈地感受到这种色彩设计的价值。现在花境的每个部分都是独立的画面，色彩设计遵循自然法则，所以人们会陶醉于这样的色彩变化中。在花境的灰色和蓝色区域多停留一会儿，等眼睛里充满了蓝灰色彩后，我们就会发现这时多么渴望看到接下来的黄色了。从红色、深红色、血红色、紫红色然后再到黄色也是漂亮和谐的色彩搭配组合。现在眼睛又再一次被暖色填满，于是根据互补色原理，我们会急切地希望看到灰色和紫色。因此，如果不是因为这种补色的逐渐过渡，这儿就不会呈现出这么优美的景观了。

　　一个著名的方法说明了这个法则。将一个简短的单词用大型的红色字体打印出来，眼睛紧盯着它约半分钟，然后闭上眼睛，单词的图

上：翠雀花（delphinium）；
左下：绵毛水苏（*Stachys lanata*）；右下：芸香（rue）。

像出现了,但字体却是绿色的。许多这样的实例都应用在了花园设计中。橘黄色的非洲万寿菊有着暗绿色的叶子。但是在阳光中，我们盯着它的花朵看30秒再来看它的叶子，你会发现叶子变成了亮蓝色！

即使是一个季节性的花境，比如我的这个花境的最佳观赏期就是7月中旬到10月，如果不运用多种创意和方法，花境也不能呈现出优美的景观。其中的一个方法就是种植一些花期连续并能互相补充位置的植物。锥花丝石竹（*Gypsophila paniculata*）成熟时，每个植株的冠幅约4英尺。在它根部四周合适的距离范围内,我种植了东方罂粟。初夏，锥花丝石竹还小的时候，东方罂粟的叶子和花就已生长成熟了。当东方罂粟凋谢时，锥花丝石竹得以完全生长并覆盖东方罂粟空缺的位置。当锥花丝石竹花期过后，种荚变褐时，尽管这个色彩在秋季花境中无伤大雅，但也不需要占这么大的面积了。于是，在其根部种植了一些蔓生性的旱金莲属植物，占据已凋谢的锥花丝石竹遗留的空间。

　　翠雀花是 7 月份不可缺少的花卉，它在花期过后也只剩下光秆和黄叶。在它后面，种植白色宽叶山黧豆（everlasting pea），再在其后种植‘杰克曼氏’（*Clematis* ‘Jackmanii’）铁线莲。当翠雀花植物凋谢后，摘除种荚，并修剪其茎干至合适的高度。之后，多年生香豌豆就占据了它的空间。8 月中旬，当多年生香豌豆花期过后，铁线莲就出现了。多年生香豌豆和铁线莲都需要几年时间才能长成；刚提到的香豌豆已有四五年的株龄了，铁线莲已有七年的株龄了，它们都是慢长植物。事实上，在我的花园里种植铁线莲很困难，但好的园艺需要极大的耐心和坚定的决心，这个过程可能会有很多失败，但一直坚持下去就会成功。不了解的人以为使花园达到最佳状态很简单，其实一点也不简单。我几乎用了半生的时间才仅仅找寻到什么是最值得去做的，而用了另

左：非洲万寿菊（African marigold）；右：火炬花（*Kniphofia uvaria*）。

柔和的黄色春黄菊属（*Anthemis*）、唐松草属（*Thalictrum*）和神圣亚麻属（*Santolina*），柔和的粉色和白色缬草（valerian），鼠尾草（clary）和月季（rose）为翠雀花（delphinium）的花序提供了朦胧的骨架。在前缘，水苏（*Stachy*）低矮密实的叶子与毛茸茸的花朵使得画面更完整，并且与竖线条的翠雀花和高高的灰色的棉毛蓟（*Onopordon*）相呼应。

半生的时间才知道要如何去做。

除了上面提到的三种植物以外，我还种植了另一种植物，也是我即将提到的第四种植物——9月开花的华丽色铁线莲（*Clematis flammula*）。它生长混乱使得植株下面的叶子生长不好，需要精细照料，渐渐地当它们的分枝能生长得更好时，老的枝条就被摘除。

有一些方法可以使竖向自然生长的高大植物变得矮小。在这个花境的黄色部分的后面，种植着一些柳叶向日葵（*Helianthus salicifolius*），我们通过一些方法将其矮化了，具体的措施后面会详细介绍。还有一些植物也可用同样的方法将其矮化，如高大的'金色光辉'金光菊（*Rudbeckia* 'Golden Glow'）、大丽花和米迦勒节紫菀。高大的金鱼草也可矮化，其侧枝发芽开花可作为地被，覆盖光秃的地面。

然而不可能完全做到使花园的任何地方都不出现空地，或者像风景和图画一样，可能会需要一些特殊的强调或着色，所以会培育一些盆栽植物应用在需要的地方。这样做可以使花境保持完整和漂亮的景观。最适宜盆栽的植物有开白色和蓝色花的绣球花（hydrangea）、麝香百合（*Lilium longiflorum*）、白花百合（*L. candidum*）、天香百合、塔形风铃草（*Campanula pyramidalis*），以及一些观叶植物如大花玉簪（*Hosta plantaginea* var. *grandiflora*）、圆叶玉簪和耐寒的蕨类植物。

还一个重要的问题是作支撑。我遵循的一个原则就是立桩或支柱不应外露。立柱要精心设计以更好地支持植物，便于植物自然生长，但必须隐藏。只是当大丽花还没有完全覆盖支柱时，允许支柱外露一到两周时间。

在6月，我们精心地为米迦勒节紫菀设置了支撑，在株丛中设立了坚硬的橡树枝或栗树枝作为支撑。到6月末，还会对植株进行掐头去尖，改变其轮廓。

有两个花境中都运用了米迦勒节紫菀。其中一个花境种植的是9月开花的早花种类，另一个种植的是10月开花的种类。除了花期时，它们不需要经常照看，因此在植株生长的过程中，允许支柱外露。第一个花境在8月初和第二个花境在9月初，我们都会到处检查并

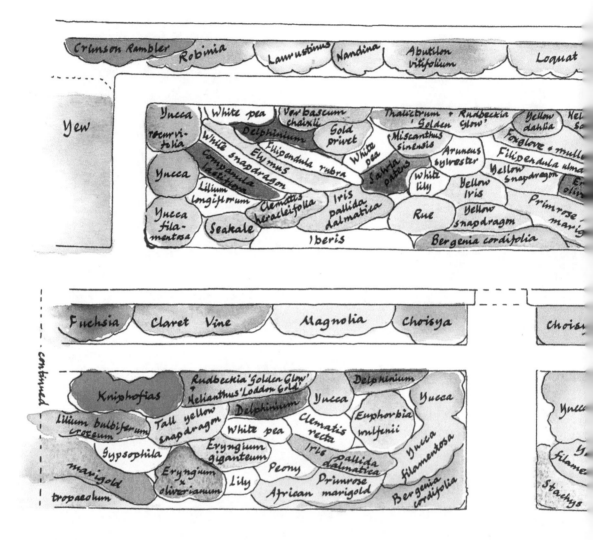

主花境平面图

养护管理，在明确的地点设立支撑。当支撑设立好后，对植株进行适当修剪。

我认为一切不美观的东西都不应该出现在花园里。工具房位于畜棚边的斜屋顶下面，从花园中能看见，因此屋顶的斜度要做得非常低，再也没有比镀锌薄钢板更适合的材料了。在镀锌薄钢板屋顶上面铺 4 英寸厚的土壤，可以在这层薄土上种植适宜的景天（stonecrop）和其他植物加以美化。

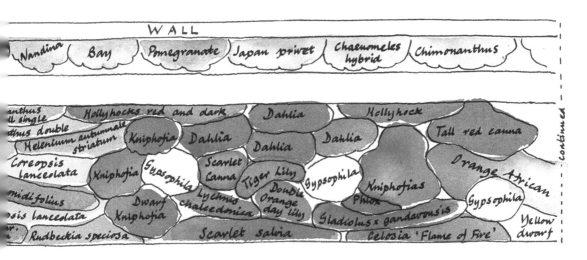

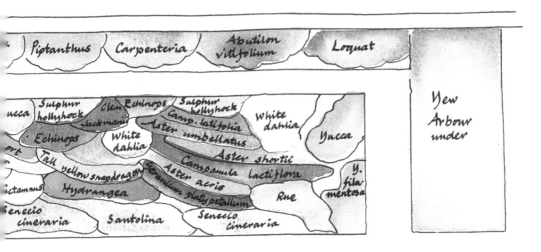

那些希望营造优美花境景观的人以及热情高于知识的人，都应该知道即使花境种植时有入画的效果，而要一直维持这种效果三个月以上不太可能。甚至可以说，维持三个月的良好景观也需要精心设计才能达到。

还应该知道，一个优美的耐寒花境并不是一下子形成的。许多花境中不可缺少的宿根植物都需要两三年甚至更长的时间才能表现得最好。种植花境最好的方法是依靠明确的设计，为每株植物的生长都留

有适宜的空间。因此，开始的一两年里，当宿根植物还未完全覆盖全部空间时，可应用半耐寒性的一、二年生植物以填补空白。最好的一、二年生植物有钓钟柳和金鱼草。为了延长花期，金鱼草既可作为一年生栽植，也可作为二年生栽植。还有非洲和法国万寿菊（marigold），矮生的一年生向日葵、百日草属（Zimia）、青葙（plume celosia）、翠菊（China aster）、紫罗兰（stock）、毛地黄、毛蕊花（mullein）、藿香蓟属植物、福禄考和赤根驱虫草（Indian pink），以及羽扇豆的一些种类、茼蒿（*Chrysanthemum coronarium*）、漂亮的粉色锦葵（mallow）、黑种草（love-in-a-mist）、旱金莲或其他喜欢的植物种类。

高耸的翠雀花（delphinium）、宽瓣老鹳草（*Geranium platypetalum*）、桃叶风铃草（Peach-leaved campanula）为杰基尔的主花境提供了柔和的蓝色端头，并与东方罂粟（oriental poppy）一起为这个季节的早些时候提供了鲜亮的色调。

VII
7 月花境

7月末，大花境开始显示出它的整体结构了。在这之前，尽管花境中生长着各种植物，但还没有达到完全成熟的状态。而现在，花境的整体结构已显而易见了。就像前面章节描述的那样，花境两端种植着灰色叶的植物，紧接着是浅蓝色、白色和亮黄色花的植物。这时翠雀花的浅蓝色花序已经凋谢了，而在它前面正好种植着优美的开着蓝灰色花的乳白风铃草。背景植物是开白花的宽叶山黧豆(everlasting pea)，种植已有四年，生长非常茂盛。这时需要去除翠雀花枯萎的花头，保留合适的茎高以支撑宽叶山黧豆的生长，最终使得山黧豆和浅灰白色的风铃草融合。在风铃草前面，种植了芸香团块，它浓密的浅黄色伞状花序展现出优美朦胧的灰色。再在前面种植的是蓝绿色的欧洲海甘蓝。沿着花境往里一点，背景处种植的是一丛金黄色的女贞（privet）和浅黄色芸香团块，为漂亮的抱茎毛蕊草（*Verbascum phlomoides*）营造了背景和基调。在它们下面种植了一丛重瓣的蚊子草，盛开着暖白色的花。与之相配的是高大的白色和浅黄色的金鱼草。前面种植的是 6 月就已开花的剑形浅灰绿色叶的法衣香根鸢尾。这是少数适用于花境的鸢尾种类之一，它是鸢尾中的珍稀种类，其叶子可常年保持良好的观赏价值。再前面种植了较矮的纯蓝色的蓝菊（*Felicia amelloides*）和蓝色的半边莲属（*Lobelia*）植物。

现在我们经过了大面积的奥氏刺芹（*Eryngium × oliverianum*）株丛，这是一种常被误称为水棘针叶刺芹（*Eryngium amethystinum*）的优良种类。它是深根性的宿根植物，需要三四年时间长成。在它前面种植的是浅蓝色和深蓝色的紫露草（spiderwort, *Tradescantia virginiana*），在天气多云时最好看。其后面种植的是黄花唐松草（*Thalictrum flavum*），

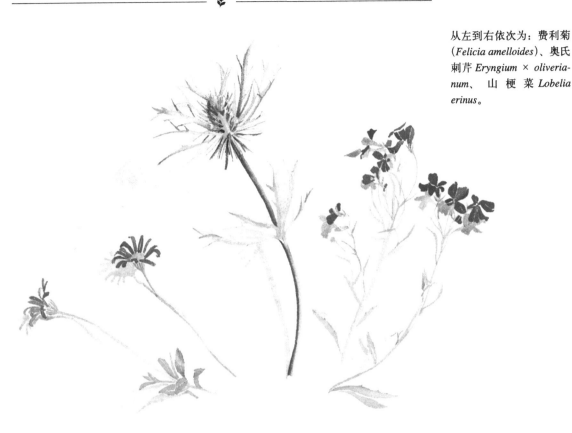

从左到右依次为：费利菊（*Felicia amelloides*）、奥氏刺芹 *Eryngium × oliverianum*、山梗菜 *Lobelia erinus*。

此时虽然还有一些浅黄色的花序，但它的盛花期已经过了。紧挨着它的是深黄色的植物，种植了中等团块大小的国产大金鸡菊（*Coreopsis lanceolata*），在它前面是一丛矮堆心菊（*Helenium autumnale* var. *pumilum*），在它后面是凤尾蓍（*Achillea filipendulina*）和黄色的美人蕉。

此时，花境的色彩被鲜深红色的薄荷（'剑桥红'美国薄荷，*Monarda didyma* 'Cambridge Scarlet'）和侧金盏叶千里光（*Senecio adonidifolius*）加深了，侧金盏叶千里光是一种鲜为人知，但在花境中表现极好的植物。紧邻路边的勋章菊延续着少量橙花珠牙百合的色彩。这时浓烈的色彩主要由皱叶剪秋罗（*Lychnis chalcedonica*）、深红色的鼠尾草属植物、哈氏剪秋罗（*L. haageana*，一种优美的植物但常被忽视），以及一些低矮的亮红色的旱金莲表现出来。之后色彩逐渐回到蓝灰色、白色和浅黄色，栽种了大片的奥氏刺芹、白色的宽叶山黧豆（perennial

pea）、蒲包花属植物，一棵宽大的吴氏大戟的漂亮叶团长得超过了我的头部，旁边伴生着丝兰。在两丛丝兰之间是一个十字路口，在拱形门的引导下穿过墙体。此处的花境稍短一些，整体都种植着灰色叶的植物——如水苏、神圣亚麻属、滨麦属（*Elymus*）、银叶菊和欧洲海甘蓝等。尽头，一丛蓝灰色叶、浅黄色花的芸香，映衬着紫杉藤架夏季新发出的全绿的叶子。在这末端，是高高的乳白风铃草。靠近中间部分，大片的紫色铁线莲被整理绑缚在坚硬而分叉的小树枝上，此时已展现出漂亮的色彩，后面种植着橘色抱茎毛蕊草，10 英尺高，开着繁茂的浅纯黄色花，在多云的早晨看起来最美。它的优点是可自播繁衍，不需移植。如果不是想只有一个花穗，可以利用大量的侧枝萌发更多的花穗。它不喜欢阳光充足的地方，在庇荫处或是多云和阴雨天气中才能更好地生长。紧挨着它们种植着可攀爬到 11 英尺高墙上的艳斑岩蔷薇，大量地盛开着白色的大花，每个花瓣的基部都有深红色的斑点。

上：美国薄荷（*Monarda didyma*）；
下：勋章菊属（*Gazania*）。

从左到右依次为：剪秋罗属（*Lychnis*）、鼠尾草属（*Salvia*）、旱金莲属（*Nasturtium*）。

尽管在花境末端只有极少的花在开放，但整个画面还是完整和令人满意的。开花的每个植物组团都表现完美，而插入的叶团本身也很美，展现了比较好的配置上的效果。此刻除了已有的景观让人感到满意以外，还有丰富的潜在的花卉美景来实现心中满怀的期待。这里有一个色彩组合非常地吸引眼球，让人异常兴奋。一丛茂密的直立铁线莲组团，此时花期已过。它位于悬垂的紫色铁线莲中，附近是银叶菊和神圣亚麻属植物组团。它的叶色相对较深，是一种铅灰色的蓝。这种颜色不管是露于阳光下的部分，还是更多处在神秘的暗影中的部分，都达到了让人满意的最高程度，让我特别渴望那些绘画和花园的艺术家来欣赏，尤其是已故的 H·B· 布拉巴祖（H. B. Brabazon）。我带着深切的感激之情怀念他 40 年来在观察、研究色彩之美方面对我的帮助、指引和鼓励。

说到 7 月花园，没有人不提月季。除了灌木状的花园月季，还有一些特别的优良种类，如'大马士革'、'普罗旺斯'、'莫氏'（*Rosa*

"接下来，我们来到更浓烈的黄色区域"。向日葵属（*Helianthus*）、金鸡菊属（*Coreopsis*）、堆心菊属（*Helenium*）围绕在高高的黄色千屈菜（loose-strife）花序周围。

白色月季'La Guirlande';
远处的灰色花境。

'Moss')和中国月季,而最漂亮的适用于花园的种类是那些开花繁茂的攀援月季。

在《英国花园的月季》一书中,我已经详细叙述了应用月季的方法,这儿我只简单提一下。我想提醒一下读者,在花园与林地相接的地方,这些月季可以爬上紫杉或冬青树形成良好的景观效果,而且它们很大的用处是形成花拱和花环的界线来围合一些限定的空间。我在花园两边的长形种植床中种植了这样的月季边界,其他两边用一道7英尺高的墙体、马厩和阁楼的后墙来围合。拱门将小花园分成了两个部分,拱门过去是一小段展现8月景观的对应式花境。

钓钟柳(Penstemon)、天竺葵(geranium)、欧蓍草(achillea)、蒿属(Artemisia)和杰基尔喜欢的其他初夏植物混植在奶白色的长尖叶蔷薇(Rosa longicuspis)对面。

这个区域的另一个长形种植床中种植了特别的植物组团,其中一些是7月的花卉:如橘色的橙花珠牙百合和漂亮的直立铁线莲,直立铁线莲是一种少有人知的植物,尽管它很容易种植而且是最好的夏季花卉之一。还有一个种植床是具蓝色花和灰色叶的植物组合。这儿种植了可爱的杂种颠茄翠雀(Belladonna hybrid delphinium)⑥,开花比任何其他漂亮的种类更蓝。但生长低矮,不如其他大型种类强健,但并不影响整株植物迷人雅致的情调。还种植了其他纯蓝色的植物,如

珍贵的重瓣翠雀（Siberian larkspur，*Delphinium grandiflorum*），还有单瓣的翠雀，以及长蕊鼠尾草（*Salvia patens*）和蓝菊。在颠茄翠雀株丛之间种植了白色的薰衣草灌丛，用白色叶的北亚蒿（*Artemisia stelleriana*）作为基础和镶边植物，它十分耐寒，可作为相对柔弱的银叶菊的替代物。

在这个花园中，去年种植的钓钟柳是 7 月效果最好的花卉之一。其抗寒性不强，一个寒冷的冬天可能就会毁掉所有的植株。于是我们每年秋天用插条重新栽培，第二年 4 月露地种植。这些保存下来的插条 7 月份就能开花，而当年春天栽植的苗木很晚才能开花。所以我们保护较老植株枝条的方法，一般都成功了。金鱼草的老植株现在也正

众多应用月季的方式中，杰基尔小姐最欣赏的方式是"他们的最大价值在于形成拱架的轮廓以及作为特定空间中围墙上的花环"。

值花期，虽然它的根裸露在风霜中没问题，根冠也可以保持石缝中的水分，但在露地条件下也略显柔弱。

低矮的薰衣草种类有许多用途，也是 7 月花卉中最好的植物之一。与普通种类相比，它的株高约为普通种类的三分之一，花朵色彩更深，花期要早一个月左右。密集而又深色调的花使得它在园艺中有着更加独特的景观效果。除了应用于花境外，还可以用在干燥的斜坡、岩石堆或是干石墙上。

大量的灰色叶与蓝、紫色花的植物组团为芒斯蒂德·伍德的主花境提供了结构性的骨架。

VIII
8月花境

大部分花境在 8 月份的第二周达到最佳观赏效果。在花境西侧的末端，主要种植了一些灰白色叶的植物，如丝兰、欧洲海甘蓝、银叶菊、芸香、滨麦、神圣亚麻、水苏等。软叶丝兰（*Yucca flaccida*）现在正值花期，植株较小，是丝兰（*Yucca filamentosa*）的变种或近亲。此时有些植物长出了一些漂亮的花序，观赏价值很高。在离花境后部 3 英尺的地方种植了白色宽叶山黧豆，覆盖了原本已被翠雀花占据的地方。还有一部分山黧豆蔓延到了金叶女贞（golden privet）丛中。金叶女贞是少数几种适用于花境的灌木之一，它整齐的亮黄色给整个夏天增添了恰当的色彩。它稳定的结构与离它很近的大型'横斑'芒（*Miscanthus sinensis* 'Zebrinus'）形成了强烈的对比，芒草高约 7 英尺，植株直立，叶尖端卷曲。

紧邻早花毛地黄种植了高型的白色和黄色金鱼草，花柱高达 4 英尺。后面种植了粉色的大丽花以及淡黄绿色、浅粉色的蜀葵（hollyhock）。再往里一点，略带粉晕的杏色大丽花取代了在 6 月末表现良好的东方毛蕊花。再往前是一丛淡粉色的'伊芙林'钓钟柳（*Penstemon* 'Evelyn'）以及一两丛淡蓝色的紫露草①。在最靠前的灰色叶植物中，种植着'科博尔特'半边莲（*Lobelia* 'Cobalt Blue'）、较高的细叶山梗菜（*L.tenuior*）、开漂亮小蓝花的蓝菊（Cape daisy，*Felicia amelloides*）。

整个花境以一道 11 英尺高的石墙为背景，按照色彩规划，不同花色和叶色的灌木和植物覆盖了墙体。于是，红叶的'紫叶'葡萄（*Vitis vinifera* 'Purpurea'）成为了深红色区的背景，在它的衬托下，毛刺槐（*Robinia hispida*）的淡粉色花能够恰好地显现出来；墨西哥橘和艳斑岩蔷薇的深色叶与白花之间的搭配也很好；在灰色和紫色区域，种植了具灰色叶和浅丁香色花的葡萄叶苘麻；浅绿色叶的落叶树——白玉兰为漂亮的浅蓝色翠雀花提供了很好的背景。

　　墙上种植灌木和植物，并不是因为它们是稀有植物，也不是因为它们漂亮或是需要墙体的保护（尽管一些种类确实需要保护），而是因为有了它们作背景，使得前面的植物搭配更协调，并使画面更具整体感。花境前缘的一些重要的观叶植物有着明显的蓝色效果，其中以欧洲海甘蓝最为显著。它的花茎在初夏时被修剪得很短，现在已完全长出了新叶。再在后面种植了蓝色叶的欧滨麦（Lyme-grass，*Elymus arenarius*），它是一种海滨植物，但在花园里它的最大价值就在于其蓝色的景观效果。

　　现在到了开始应用已准备好的盆栽植物的时候了。在盆栽植物里，最有用的是绣球花。它可以应用于空地中，可成组布置，也可在花境两端的灰色区域布置。它的叶子呈亮绿色，但由于它本身开花繁茂加上周围植物浅蓝色叶子的遮挡，所以我们几乎看不到它的叶子。我站在几步开外的地方，根据植物的形状和整个花境的关系，配置植物组团。我告诉园丁绣球花适宜种植的场所，并让他寻找最近的适合种植的地方。有时候必须将花盆的一部分埋入地下，所以会妨碍原有植物的生长。深根系的宿根植物需要生长三四年才能扎好根，如刺芹属（*Eryngium*）或者白鲜属植物等，布置盆栽植物时我都会避开它们的根系分布区。但有些植物可以牺牲一些，比如春黄菊属（*Anthemis*）、紫露草属（*Tradescantia*）或者堆心菊属（*Helenium*），虽然它们正值花期，但这些植物有充足的储备，很容易得到补充。到了8月，许多植物都会大面积地蔓延。盆栽的麝香百合以同样的方式应用于花境蓝色末端的大部分区域，在更远处的紫色区域的末端也种植了一些，它们漂亮的白色花朵在中间的深红色区域格外耀眼。

　　为了在花境中应用蓝色花和紫色花，我在西边的灰色叶区域种植了蓝色花，在较远的东边种植了紫色花。相对于色彩对比来说，我更喜欢色彩的和谐与统一，所以除了少数场合外，我尽量避免混合使用蓝色花和紫色花。因此，我在花境末端种植了纯蓝色的花卉——翠雀

浅黄色的金鱼草（snapdragon）与浅粉色的大丽花（*Dahlia*）。

花、牛舌草（*Anchusa*）、鼠尾草、蓝色的蓝菊和半边莲，当翠雀花和牛舌草等蓝色花植物超过了浅蓝灰色的乳白风铃草时，景观效果则更好。在花境前缘种植了另一种蓝灰色的植物，大卫铁线莲（*Clematis heracleifolia* var. *davidiana*），但它还未到盛花期，所以只开了少量的花。

在看过了蓝色和灰色植物以后，将目光转向一片浅黄绿色的非洲万寿菊上，会让眼睛得到放松。它被认为是低矮的种类，但是当长到2.5英尺高的时候，需要修剪。其中一些以一定的方式降低去覆盖道路的边缘，打破了小径前面统一的界线，显现出柔和的色彩。我只种植这种浅色和橘黄色的品种。金黄色的非洲万寿菊对我来说太过刺眼，一般不会应用它，而用其他植物更好地表现这种黄色。在后面种植单瓣榕叶蜀葵（Antwerp hollyhock，*Althaea ficifolia*），当慢慢进入更强烈的黄色区域时，这些白色和浅黄色的花呼应了左侧区域里的色彩。它们与金光菊组合搭配，金光菊是一种优良的植物，开花灿烂，花期长，而且能适应多种生长环境。

硕大刺芹（*Eryngium giganteum*）和白花百合（madonna lily），是一个在芒斯蒂德·伍德花园中应用最多的灰色和白色的精美组合，而且在这个花境中添加了暖色系的粉色剪秋罗（*Lychnis*）和月季。

从左到右依次为：蓝菊（*Felicia amelloides*）、乳白风铃草（*Campanula lactiflora*）、长蕊鼠尾草（*Salvia patens*）。

现在我们来看看宿根向日葵组团：前面是重瓣的薄叶向日葵（*Helianthus decapetalus*），后面是大型的单瓣薄叶向日葵，旁边是一大片柳叶向日葵，作为一种宿根向日葵，经常被认为不适宜在精致的花园中使用。它长得很高，在顶部有短小的黄色花序。如果仅仅是这样，它就不会出现在我的花境中。但在它前面，种植了一片艾菊状的凤尾蓍，再在前面种植了大面积的奥氏刺芹，它在整个7月都很漂亮。当它们的盛花期过去，高高的向日葵会被修剪，大多数会从叶腋处萌发出新的花茎。因此到了9月，植株会再次开满花朵。因此，那些原来在花境中毫不起眼的植物，开花时也变成了花园里最耀眼的点缀。向日葵前面的其他植物，如深红的美国薄荷（bee-balm, *Monarda*）和常用的高山千里光（groundsel, *Senecio adonidifolius*）都已经过了盛花期。

接下来我们将看到一丛大叶的美人蕉植物组团，它在花境中叶子最美；当阳光从叶背透过的时候，非常好看。在后面种植了一小块蜀葵——色彩很深，接近深红色，红色中带着几分血色。靠近它们的是

从左到右依次为：美人蕉（canna）、蜀葵（hollyhock）、大丽花（Dalia）。

一个"亮色组合"。福禄考（Phlox）、大丽花（Dahia）、钓钟柳（Penstemon）、裂冠花属（Antholyza）、一枝黄花（golden rod）、欧蓍草（achillea）、雄黄兰属（Crocosmia）搭配在一起效果极好。

大丽花®，红色的'红美人'（Dahlia 'Crimson Beauty'）、深红色的'王子'（D. 'The Prince'）、鲜红色的'火焰国王'（D. 'Fire King'）和变种'橙色火焰国王'（D. 'Orange Fire King'），它们现在是花园中最亮丽的部分。之后还有一组漂亮的组合——橙红色的福禄考（Phlox）、深红色的钓钟柳、橘黄色的非洲万寿菊、鲜红色的唐菖蒲（gladiolus），还有前面漂亮的矮鼠尾草；矮堆心菊、深红色的和橘黄色的矮小的旱金莲，它们共同生长，形成了一个非常漂亮的植物组团。花园里到处都点缀着明亮的黄色大金鸡菊团块，它花期长，观赏效果持久，只要及时去除枯萎的花朵，就能在3个月内保持良好的观赏效果。

因为这些色彩斑斓的植物占据了花境中的大片空间，我经过慎重

考虑，决定用锥花丝石竹在各处进行缓和。生长了五年的组团，冠幅达4英尺，开花时犹如薄雾一般美丽。这种醒目的灰色在五颜六色的色彩中，极具画面感。接近月底的时候，灰色变成褐色，我就会在丝石竹丛中种植一些高的旱金莲。

现在我们远离了花境的中央部分，植物的色彩再次转变为亮黄色和浅黄色，然后再变成和刚开始一样的灰白色。这个色彩变化占据了花境三分之二的地方，从十字路口沿路到拱门以及花园的远端。这条小路旁有很多丝兰，种在微微抬高的地形上。丝兰适宜生长在抬高的小土丘上和合适的壤土中。我还把它们种在花境的两端。没有植物能比它们更好地界定花园的轮廓了。丝兰布满了小路两侧的两个小土

从左到右依次为：高高的藿香蓟属（*Ageratum*）、浅黄色的蜀葵（hollyhock）、多叶紫菀（*Aster acris*）。

90

丘。其他的灰色植物跟之前的一样——有银叶菊、神圣亚麻、水苏、滨麦和芸香，但在这个花境的端头，除了一些开白色花、粉色花、淡黄色花的植物以外，还有开浅紫色花和深紫色花的植物，而不是蓝色花的植物了。在这些植物之中，藿香蓟属植物是非常有用的，虽然低矮的品种非常好，但要高一些的品种，如普通的熊耳草（*Ageratum houstonianum*），可以长到约 2 英尺高。这里还有一些 9 月份开花的米迦勒节紫菀，如多叶紫菀（*Aster acris*）和大头紫菀（*A. frikartii*）。后面有白色和淡黄色的大丽花，以及白色和硫黄色的榕叶蜀葵，在中间，还有淡粉色的唐菖蒲、大量的肥皂草（*Saponaria officinalis*）和浅粉色的钓钟柳。在后面，同样有一丛蓝刺头（globe thistle，*Echinops*）和一片生长茂盛的'杰克曼氏'铁线莲，正值花期，与白色的宽叶山黧豆搭配。

　　这儿还有一个专门为 8 月而做的对应式短花境，虽然配置得并不充分，但具有同样的特征，在后面灰色花园的章节中会作阐述。因为这儿的场地狭小，所以花境的效果特别服务于更加限定的观赏期。色彩规划是，一片灰色叶中，搭配着粉色花、白色花和浅、深紫色花的植物。

　　紧挨着小路的是银白色的水苏、银叶菊和北亚蒿，还有具灰色叶和暗紫色花的猫薄荷，它是第二次开花。枝叶茂盛的薰衣草和丝石竹属植物中间是麝香百合、'双玫瑰'高代花（*Godetia* 'Double Rose'）和白色的金鱼草。在这些植物中间和后面，是成片的纯白色'珍珠'蓍（*Achillea* 'The Pearl'），和具有饱满的紫色头状花序的蓝刺头。在接近花境前面的地方到处都是硕大刺芹。后面是粉色蜀葵，这是一种被称作'粉美人'（hollyhock 'Pink Beauty'）的本土品种。深绿色的无花果占据了较高的空间，并且覆盖在户外通向阁楼的石阶之上，成为 8 月份浅灰色花境极好的背景。遗憾的是，粉色蜀葵株丛本来应该高挑美丽，生长在窗户和阁楼前，但却在上一个季节全都枯萎了。实际上，所有的蜀葵都长势不好，以至于一部分设计效果并没有得以实现。

　　最近几年，有许多有用的植物被运用到这些特殊的 8 月份的花境中，最值得一提的是灌木状的开粉色花的花葵（*Lavatera olbia*），因为在一年中的这个时候只有少数几种开粉色花的植物。另外一种冷粉色的谢尔氏星状大丽花（Messrs Cheal's star dahlia）新品种，叫做'伊菲尔德星'。在花境后面的蓝刺头属植物中间，也应用了白色的大丽花，把它们种植在手能够到的范围之内，以便于精心地养护它们。和其他品种一样，只要及时去除死花头，新的花朵就会重新开放，并且持续很长时间。后面有几丛"凡尔赛之光"美洲茶（Ceanothus 'Gloire de Versailles'），它蓝灰色的花在这儿是最合适不过的，还有经过修剪的'杰克曼氏'铁线莲以及几丛灰白色的沙棘（sea buckthorn）。在这个花园里，'杰克曼氏'铁线莲在任何情况下都呈现柔和的紫色调，而不是所谓的改良后的深紫色或带红色的色调。因为在这儿，我们想要的就是这种纯净的冷紫色调。

灰色花境：水苏（Stachys），丝石竹属（Gypsophila），百合（lily），'珍珠'蓍 Achillea 'The Pearl' 和粉色的蜀葵（hollyhock）。

'凡尔赛之光'美洲茶 *Ceanothus* 'Gloire de Versailles' 和银色的沙棘（buckthorn, *Hippop-haë rhamnoides*）。

在花园的不同部分，种植了数个生长期不同的薰衣草篱。用作切花的薰衣草应该从不超过4~5年生长期的植株上获得，但是为了更具画面效果，灌丛可以更老一些。当它们开始长大，种植白色的和紫色的野生铁线莲是一个好主意，它们就可以不受拘束地和薰衣草一起生长了。

相对来说，秋天开花的灌木比较少，因此当偶然遇到一组开花的灌丛会很欣喜。小花七叶树（*Aesculus parviflora*）和哈氏榄叶菊（*Olearia × haastii*）搭配效果很好。再搭配种植一些开蓝色花的滨藜叶分药花（*Perovskia atriplicifolia*），在其前面种上克兰顿莸（*Caryopteris × clandonensis*），那将会更加漂亮，但是在花境施工的时候，我并没有想到莸，也不知道分药花。

93

8 月是翠菊开花的时候。我发现很多人都不喜欢它，可能是因为它很普通而且色彩杂乱、不统一；还有很多种类为了适合盆栽和基础种植而被矮化，因此它们在普通的花园中看起来并不自然。这些种类肯定有它们的用途，但在最好的花园里需要的是让它们尽量发挥自然的天性。我有一小块地方，全部种上了翠菊。我经常乐于向一些声称不喜欢它们的人展示，然后心满意足地听到他们发出由衷的感叹："天哪！我从来不知道翠菊可以这么漂亮。"

夏季花园中的月季（rose）、羽衣草属（*Alchemilla*）和薰衣草（lavender）。"在花园的不同部分，用于镶边的薰衣草，株龄不尽相同。"

克兰顿莸（*Caryopteris* × *clandonensis*）、花葵（*Lavatera olbia*）和滨藜叶分药花（*Perovskia atriplicifolia*）。

95

IX
花坛植物

花坛植物是指那些在夏天能露地种植的柔弱植物。我花园的一小部分种植了花坛植物，以围墙作为庇护，又能充分地接受阳光，这样那一小块地方的美景就可以从 7 月末一直持续到 9 月末。因为在园艺实践中以僵化而并不明智的方式移栽这些柔弱的植物会占用园艺上的所有精力，所以遭到了人们的强烈反对，因而造成了很多人对这些植物本身产生厌恶感。当朋友们在我的花园中看到鲜红色的天竺葵（geranium）、黄色的蒲包花属、蓝色的半边莲属植物时，纷纷表示很惊讶，所以并不是这些植物本身存在缺陷，而是因为人们应用它们的方式不当。在夏天，没有比种植单瓣和重瓣的带纹型天竺葵（zonal pelargonium）更好的植物了，它们也是用于盆栽或者插花最好的材料；那样，它们能够充分地接受阳光，而且因为被抬高到地面以上温暖的空气中，所以根部能获得额外的热量，从而促进它们生长。在这些优秀的夏季花卉中，无疑还有几种刺眼的、不好看的红色花和粉色花，但可以不使用，因为好看的颜色从纯净的鲜红色一直到柔和的粉色和橙红色都有，想要得到任意的组合或搭配都不难，如图中所示，要描述的就是一个极其简单的例子。

这个小花园的场地形状不规则，大致成三角形。主体部分在一边超过了 30 英尺宽，这个宽度很难处理。因此做了一个抬起的部分，几英尺宽，高出地坪不到 2 英尺，周边用干石墙挡土。在接近三角形的窄端部分时，两边对称地急转向路边。这些抬高的部分处理得非常不同于花园的其余部分。这里没有尝试应用明亮的色彩，而是一系列宁静的灰色调植物，有着纤细的外形，很适合作为更为明亮色彩效果的背景。主要有大型和小型的丝兰和两种大戟属的植物，粗大引人注目的吴氏大戟枝叶优美、花朵硕大，和较小的查拉西亚大戟（*Euphorbia characias*）。靠近小路的围墙上悬挂着一大片浅蓝灰色的厚敦菊（*Othonnopsis cheirifolia*）。被抬高的部分在西南末端显得非常宽阔。靠近小路的空间被粉色花和紫色花植物填满了，如天芥菜（heliotrope）、'克柔西夫人'藤叶型天竺葵（ivy geranium 'Mme Crousse'）和'威尔莫特小姐'马鞭草（*Verbena* 'Miss Willmott'）。图中的星状图形表示丝兰：

不同色阶的带纹型天竺葵（zonal pelargonium）。

大型的是凤尾兰和弯叶丝兰以及小型的丝兰园艺品种。夏末，西北角有相当一大部分的丝兰正处于盛花期，壮观的穗状花序矗立在成片的低矮植物之上，观赏效果很好。

　　这儿有两个主要的相互联系的色彩方案——分别是红色的渐变、白色和黄色的渐变。在红色部分，前面主要是天竺葵，深红色的是'保罗克朗佩尔'天竺葵（*Pelargonium* 'Paul Crampel'），比起我们以前使用的'拉斯拜尔'（*P.* 'Raspail'）来说，色彩要柔和一点，更令人喜欢。被普遍使用的'亨利雅各比'（*P.* 'Henry Jacoby'），颜色过于强烈，我并不喜欢。我们在'保罗克朗佩尔'天竺葵旁边种植了一种更柔和钓钟柳（Penstemon）是一种应用于花境中的最有用的填充花材，这儿，它与薰衣草（lavender）和布玛尔达绣线菊（Spiraea bumalda）一起营造了灰色叶景观。

的红色品种'多特斯莱德'（P. 'Dot Slade'），旁边是肉色的'丹麦国王'（P. 'King of Denmark'），然后是淡红色的'橙红饰边'（P. 'Salmon Fringed'），这个品种还有一个优点，就是叶子具有美丽的条纹。在花园中以红色花为主的部分，大都采用这样的布置。后面是三种开红色花的美人蕉，其中一种有美丽的红色枝叶，另一个大型的品种，叶型巨大，酷似香蕉树的叶子，而且微微发红，我们不知道它最初的名字，现在把它叫做'穆萨'美人蕉（Canna 'Musa'）。和这些美人蕉布置在一起的是丛生的唐菖蒲（Gladiolus × gandavensis）和另外一些相似色彩的品种，在它们中间种植了非常精致自然的'威廉'齐氏唐菖蒲（G. × childsii 'William Faulkner'），还有鲜红色和橙红色的大丽花，两者都是大花品种。还种植了鲜红色的钓钟柳、假面花属（Alonsoa）、红花山梗菜（Lobelia cardinalis），在天竺葵后面种植了'苏黎世'一串红（Salvia splendens 'Pride of Zurich'）。在有些地方，红色花中生长着一片姿态优美的乡土蒂立景天（Sedum telephium）。当它扁平的头状花序成熟时，灰绿色的植物就会变成柔和的巧克力红色。这种有着较为安静色彩的植物大大提高了红色系植物的品质并有助于所有植物的协调统一。一株白色的麝香百合打破了这种统一，在一片红色花植物中呈现出美好的观赏效果。

另一种常用于花丛底部栽植的植物是低矮的尾穗苋（love-lies-bleeding，Amaranthus），我只是从巴黎的维耳莫先生那儿得到过它的变种红花繁穗苋（Amaranthus sanguineus var. nanus）①。其高度不足 1 英尺，枝叶淡红色，花朵也不是我们常见植物的洋红色，而是不起眼的暗红色，为鲜艳的暖色系花形成了十分和谐的背景。它能够使暖色系的花朵更加突出。因此在合适的地方播种它们是很有必要的。

黄色和白色的部分，从颜色最淡的天竺葵开始。前面种植着很有效果但过去一直使用不当的一种植物——金色羽毛状短舌匹菊（feverfew），和很大一片当地植物圆叶薄荷（Mentha rotundifolia）的一个杂色型。这种香薄荷是极好的一种古老花园植物，只是最近被忽视了。短舌匹菊可以开花，但是需要把杂色薄荷（mint）的开花枝条回剪到更

从上到下依次为：金叶短舌匹菊（golden fever-few）、麝香百合（*Lilium longiflorum*）和'花叶'圆叶薄荷（applemint，*Mentha rotundifolia* 'Variegata'）。

夏季花卉的花园。

为合适的高度。杂色薄荷是最美丽的底部栽植植物之一，可以搭配任何白色花或黄色花的植物，特别是在白色的麝香百合中格外妩媚动人；在各处与淡黄色的抱茎蒲包花（*Calceolaria amplexicaulis*）相搭配，显得亮丽多彩。设计图中表示了另外的白色花和黄色花植物的布置形式。有高的和矮的黄色花美人蕉，以及白色的、柠檬白的、黄色的金鱼草，还有淡黄色的非洲万寿菊。万寿菊需要悉心栽培才能得到合适的色彩。这种半耐寒性的一年生植物有三种明显不同的色彩——众所周知的深橙黄色、黄色和淡黄色。除非坚持要淡黄色或深橙黄色，不然卖种子的店铺就倾向于销售黄色的。我经常从巴尔先生和他的儿子那儿购买，它们从来不会在色彩上出错。

100

X
9 月花境

大花境 9 月和 8 月的景观大体相似。但在 9 月初，火炬花和盛开的大丽花团块有着更浓烈的色彩。粗质地的美人蕉叶子已经生长起来并展示出预期的效果。美人蕉成了花境中的最高点之一。花境后排的植物没有必要都是最高的，相反，为了更好地进行色彩搭配，许多高大的植物也修剪成中等的高度。后排的植物在某些地方保持 9、10 英尺高，效果更好；逐渐变高而且距离不要正好相等，就像是山脉的山脊高低起伏一样。

在花境前缘的丝石竹属株丛，一个月前是银灰色，现在已经变成了棕色。它们被蔓延的旱金莲覆盖了一部分，靠近的棕色部分带有浓烈的红色。在后面，深红色和血红色的蜀葵还在开花，深红色的大丽花株丛也在盛开。紧邻它们的是火红的火炬花，前面簇拥着较低矮的种类，开着更柔和的橙红色花朵。还有深红色的唐菖蒲和漂亮的红色钓钟柳株丛。低矮的'苏黎世'一串红在前面作为镶边。

在这些深红色植物组团之后，是亮橙色的非洲万寿菊株丛，它是这一时期最有效的植物之一。在中等强度的黄色区域，种植了一些宿根向日葵，其中一种是柳叶向日葵，将会在下一章中再作叙述。向日葵都被修剪得很低矮，现在正值花期。漂亮的重瓣金光菊也被修剪了。与之相搭配的是浅色的'洛登金'向日葵（*Helianthus laetiflorus* 'Loddon Gold'），当金光菊衰败的时候，向日葵占据了它的空间。在近末端的蓝灰色观叶区域，大卫铁线莲在开花，具有蓝灰色的叶子，这是它独有的色彩，与相邻的叶子和花搭配效果很好。此处还放置了几盆盆栽的蓝雪花（*Plumbago capense*），叶子蓝灰色，枝条松散没有直立的干，将其修剪成灌丛状。近处挺立着唐菖蒲淡淡的、冷粉色

浅粉色的唐菖蒲（gladiolus）和'大卫'铁线莲（*Clematis heraclei-folia* 'Davidiana'）。

102

花序，那是来自一位美国花园爱好者的珍贵礼物。这儿还种植了高大的白色金鱼草，高约5英尺，从蓝色叶的欧滨麦中长出，景观效果极好。远处种植了天香百合株丛，前缘是浅硫磺色的非洲万寿菊，现在也处在最佳观赏期。

花境的末端种植了具灰色叶与粉色花的绣球花、白色和粉色的金鱼草、白色的大丽花、紫色的铁线莲、天香百合和多叶紫菀搭配。细叶丝兰也处在最漂亮的时期。

另一区域的一个对应式花境是只为9月而设计的。它从菜园的中间延伸到金链花的花架下，以修剪成5~5.5英尺高的角树（hornbeam）绿篱作为背景。这个花境中的主要植物是早花的米迦勒节紫菀，于9月的前三周开花。前缘是大量具灰色叶的植物。在这两组植物之间是北亚蒿株丛，北亚蒿是一种非常耐寒的植物，与银叶菊很相似。还种植了水苏，粉白色。再后面种植的是蓝灰色的欧滨麦株丛以及一些灰

色的糙苏属灌丛和银色叶子的柳树（willow），它们都被精心修剪成合适的尺寸。

花境的色彩主要以灰色叶的植物为基底，配置白色、丁香色、紫色和浅粉色花的植物。在其中两三个地方，穿插配置一些浅黄色和黄白色花的植物。在花园的另一个部分，种植其他米迦勒节紫苑种类的晚花花境，随后进入花期。但这个 9 月花境所呈现出的不同景观归因于其中开粉色和黄色花的植物，粉色和黄色的花在这个较晚的季节里很少见。

开黄色花的植物主要有浅硫黄色的非洲万寿菊、浅黄色和黄白色的高大金鱼草以及用于镶边的花叶款冬（coltsfoot）和金黄叶的短舌匹菊。开粉色花的植物主要有长药景天（*Sedum spectabile*）、粉色的杂种秋牡丹（Japanese anemone）和浅粉色的唐菖蒲属植物。开白色花的植物主要有大丽花、晚熟小滨菊（*Chrysanthemum uliginosum*）、宿根'考

左：长药景天（*Sedum spectabile*）；右：日本银莲花（Japanese anemone）。

勒瑞特布兰奇'紫菀（*Aster* 'Colerette Blanche'）以及开白花或黄白花并且叶质粗糙的伞花紫菀（*Aster umbellatus*）⑩，还有白色的日本银莲花、白色的金鱼草和白色的翠菊。灰色的镶边植物主要有低矮的藿香蓟属株丛，它是9月份最好的植物之一，与灰色叶植物搭配景观极好。灰色的镶边植物不仅是一个界线，也是前缘的一个基础，并且不时地延伸到花境中一些距离。

　　秋海棠属植物在整个9月的景观效果都很好。种植床里只种植秋海棠属植物对我来说是不够的。我将它们种植在有点狭窄的花境中，以灌丛为背景，并以大叶子的心叶岩白菜作为基础种植，围住不同尺

从左到右依次为：'杰克曼尼'铁线莲（*Clematis* 'Jackmanii'），白色的金鱼草属（*Antirrhinum*）植物和粉色的绣球花（hydrangea）。

（远处的右侧）由米迦勒节紫菀（Michaelmas daisy）和其他柔和的蓝色和粉色系的花卉组成的花境。

岩白菜属（*Bergenia*）植物叶丛中的秋海棠属（*Begonia*）植物。

度的秋海棠属植物的株丛——5~9棵一丛。坚实的背景为秋海棠属植物提供了一个很好的衬托，使前面的花朵显得更为生动。依照下面的顺序配置色彩：黄色、白色、浅粉色、粉色、玫红色、深红色、深玫红色、肉红色、丹红色或橙红色、深红色和橙色。

XI
树林与灌丛的边界

创 造优美花园的时机常常被错过，需要对那些经常被忽视的地方多加留意。

　　对林地与花园的交界处经常会感觉很突然：林地边缘的界线很生硬，有时候沿着边缘布置的小路更加凸显了它的不足。一定年龄的欧洲赤松林，树干祖露，土地光秃，缺少变化，显得非常空旷。在荒野中，这是典型的松林景观，具有它自身的美。如果只是粗粗地看一眼，会感觉它与花园伴生在一起还不错。但沿着小路一步一步往前走，树林如果仍然没有一点和花园相协调的迹象，单调之感会使人难以忍受，生硬的衔接让人不舒服。我这里有大量的花园和空旷的林地，但是两者之间缺少联系，没有达到协调统一。

　　如果一开始不把花园布置在离林地过近的地方会好一些。可以在它们之间留出 25~40 英尺宽的空间种植任何植物，从而使得它们协调一致。在这种情况下，小路就不再紧贴林地，而是沿着中间位置布设，所进行的种植就能做到同等地归属于林地和花园。树林将成为分界和屏蔽的角色。比起通过砍伐外围的树木来增加空间的做法，这样的种植方式更好，因为处于自然林地边缘的树木，都具有优美的侧枝。欧洲赤松林的阴面是布置杜鹃花小径的最佳位置，还可以种植与杜鹃花截然不同的落叶杜鹃和山月桂（kalmia）。欧洲赤松标示着土壤中含有轻微的泥炭土，这正是北美白珠树所需要的土壤，一种优美而常被忽略的小灌木。这是为数不多的能够在松树（pine）下生长的植物之一，除了生长在浓密的成年松树下，它们在林地边缘、阳光能射到的林中空地、或者沿着车道的任何地方，都能够正常生长。一旦存活下来，它们便开始迅速蔓延、大量增长，逐步占据越来越多的林下空间。

在林地边缘地带，杰基尔小姐尤其喜欢种植耐寒的蕨类植物以及"具有与众不同的叶子形状和大小的植物"。根乃拉草属（Gunnera）植物种植在耐寒的蕨类植物中，它不能种植在干旱的沙地上，但在林地边缘较湿的土壤中种植非常理想。

109

为了降低杜鹃花（rhododendron）组团的坚实的感觉，杰基尔小姐建议在其中混植蕨类、百合（lily）和其他优美的植物。这儿，报春花属（Primula）、鸢尾（iris）和玉簪（Hosta）增添了林地景观的优雅。

地杨梅（wood-rush，*Luzula maxima*）也是一种能很好地适用于林地边缘的植物。它看起来更像是宽叶的草本植物。5月份开花，花簇成褐色，高出其漂亮的枝叶2英尺。

杜鹃花通常被种植得过近，这是一个很大的错误。尤其是对本都山杜鹃和一些大型的种类来说，它们的株距不应小于8~10英尺，或者应该更远。通常会在这些杜鹃所形成的边缘处种植一些欧石南，土壤无疑适合欧石南生长，但是我从来不种植或者推荐这种做法，因为我觉得欧石南适合种植在空间开敞的地方，而且和其他植物和幼小的杜鹃花种植在一起会更好看。根据我个人的喜好，这种情况下最适合的植物是耐寒的蕨类植物——欧洲鳞毛蕨、蹄盖蕨、耳蕨和成片的百合。前面种植了麝香百合和可爱的玫红色红点百合，后面是天香百合。一些木藜芦属（*Leucothoë*）植物，尤其是垂枝木藜芦（*L. fontanesiana*）和腋花木藜芦（*L. axillaris*）是这种用途的主要植物。除了百合花，其他一些适合杜鹃花小径的开花植物有：白色的毛地黄、白色的耧斗菜、白色的柳兰（*Epilobium angustifolium*）、延龄草、羽状淫羊藿、大花垂铃儿、二叶碎米芥（*Dentaria diphylla*）和萝藦龙胆。在同一区域，适合装饰杜鹃花丛边缘的小灌木是可巧杜鹃（*Rhododendron* 'Myrtifolium'）、高山玫瑰杜鹃花和芳香叶的杜香（*Ledum palustre*）。

之后，会发现这些林中小路的边缘为花期较晚的萝藦龙胆提供了合适的生长环境，因此它们被大量地种植。它们喜欢全阴或半阴的环境。到了9月中旬，很多花都衰败了，花园里的大部分植物都状态不佳，缺乏生机。突然看到这些优美的拱形小花枝，会让人非常高兴，在它们植株的较高的部分，生长着长长的蓝色花簇，生机勃勃、充满活力。

当花园位于林地的阳面时，植物种植会有所不同。这里适合种植岩蔷薇、桂叶岩蔷薇和艳斑岩蔷薇，后面是柽柳（tamarisk）、荔梅属（*Arbutus*）和白色的金雀花，还有零星自然生长的野生蔷薇，如野蔷薇和复伞房蔷薇。如果松树的大枝条下垂到可以触及的高度，那么白葡铁线莲（*Clematis vitalba*）就会蔓延其中，顺着松树往上攀爬，最后树上会点缀着它们美丽的枝叶，8月份会开出大量的花。

110

从上到下依次为：欧洲鳞毛蕨（male fern）、天香百合（*Lilium auratum*）和萝藦龙胆（*Gentiana asclepiadea*）。

岩蔷薇适合作欧石南（heath）的基础种植。野生的普通帚石南属（*Calluna*）看起来也一样漂亮，但是如果是栽培品种，那么必须每次大量使用一个种类，它们更适合作为自然式的地被，而不是形成僵硬的边缘装饰。

在其他林地的边缘，自然生长着的蔷薇很漂亮；在前面种植一棵冬青，一株蔷薇，如'桑德白蔓'月季、'花环'月季，将会借助冬青外部的枝条攀爬上去，非常好看。还有野生铁线莲，这是一种常见的喜阴植物。在落叶林里，可能还有一些成片的榛树或者悬钩子以及

野生忍冬。白色的毛地黄应该种植在林地边缘或者稍靠后的地方，种植黄水仙是为了展现叶子尚未长出时的景观。铃兰在 5 月萌发出新叶，叶色明亮、花朵可爱。

左：北美白珠树（*Gaultheria shallon*）；右：心叶岩白菜（*Bergenia cordifolia*）。

　　如果林地和房屋很近，中间只有草坪，最好种植一些耐寒的蕨类植物和百合花；把景观让位于花园，以灌木为背景，适当地种植一些较小的蓼属植物，如密花尖蓼（*Polygonum cuspidatum* var. *compactum*）。

　　大型的灌木和草坪之间或宽或窄的场地中有很多进行精心搭配的机会，但这里就是经常被忽略的地方，或者不同程度地未予足够重视。

当找到处理这些场地的满意之策时，我就会感到非常高兴。草坪附近，看起来非常需要种植一些叶子独特、植株形状和大小很重要的植物。岩白菜属植物在这方面的作用无可比拟。最常用的是心叶岩白菜的很多品种。虽然玉簪也漂亮，但它们的叶子萌发较晚，第一次霜降甚至更早的时间就会枯萎；但是岩白菜可以坚持一整年，所以广受喜爱。在大多数月桂树出现的灌丛边缘地带，需要针对每株月桂树作出不同的处理。

　　譬如，毗连的两棵月桂树前，种植着一片圆叶玉簪的地方，种植了先是在 6 月中旬开花的漂亮的灌木状‘赛龙’榄叶菊；另外，前一年 11 月份种下的几片麝香百合在 8 月初盛开。

位于林地边缘的丝石竹属（*Gypsophila*）和岩白菜属（*Bergenia*）植物。

有时候，单独一种植物，比如锥花丝石竹就能填满整个大型灌木之间的空隙。圆锥绣球（*Hydrangea paniculata*）和耐寒的倒挂金钟属（*Fuchsia*）是另外两种合适的植物，尽管这两种植物是真正的木本灌木，但是每年冬天都会被修剪，被当做草本植物对待。

广枝紫菀是一种小型的多年生的紫菀属植物，株高从 18 英寸到 1 英尺都有，无论在何处都容易生长，并且喜欢和其他植物紧密结合在一起。我发现它经常和岩白菜生长在一起。岩白菜是最有用的适于种植在狭窄边缘空间的植物之一，那些地方需要同样进行漂亮的装饰，但是对于任何大型的植物来说空间都不够宽。我连续两年拍照观察了同一片植物，第一年，较低的部分花朵比较密集；但到了第二年，有一部分就蔓延到了后面的锦带花（weigela）中，观赏效果显得更好。白色星星点点的花朵布满了枝丫的顶端，叶子披针形，先端锐尖。当放在手里仔细观察的时候，它最显著的特点是小的、纤细的、丝一般的茎，光滑近于黑色，茎上的分枝几乎以同一个角度展开。

杰基尔小姐种植她喜爱的植物以减少杜鹃花（rhododendron）组团的体量："我自己最喜爱的植物就是耐寒的蕨类植物"——这儿是蕨类植物与羽毛状花头的唐松草（*Thalictrum aquilegifolium*）组合。

　　这些只是非常少的一部分例子，还有很多其他方式可以选用，如果这能引起人们对那些通常被忽视的灌木边缘空间加以注意的话，就会给许多花园的景观营造带来益处。这些空间可以种植很多具有强健习性的植物，如羽扇豆、芍药、老鼠簕属（*Acanthus*）植物、假升麻、大型的耐寒的蕨类植物、茅莓（*Rubus parvifolius*）或者其他一些类似大小和特征的植物。矮生的箬竹（*Sasa tessellata*）也是一种极好的适用于灌木边缘的植物。

XII
色彩主题花园

建造色彩主题为导向的花园非常有趣，而且对于那些与生俱来拥有色彩天赋或是通过细心的视觉训练获得了如同画家感知色彩的能力的人而言，开启了一系列全新的造园乐趣。

我偶尔听说有些人要建造一个只种蓝色植物的花园或是白色花园。但是我认为这样的想法极少能如其所愿。我头脑中是一个完整系列的限定色彩的花园，一定要有足够的长度，而不是那种太短的灰色的对应式花境。唉，我自己还没有充足的空间和方法来实现它们。除了灰色小花园我没能拥有其他的，尤其是金色园、蓝色园和绿色园；何止这些，还有更多的色彩主题花园。

匪夷所思，人们有时候偏爱某些花园仅仅是因为一个词。比如说，蓝色园，但为了更漂亮，可能更需要一组白色的百合，或是一些很淡的柠檬黄色的花。但是就因为称其为蓝色花园，所以除了蓝色的花就不能有其他的色彩。我觉得这没有道理，在我看来这是愚蠢的自我束缚。诚然，蓝色花园尽可能地呈现蓝色才会美。但我的想法是它首先要美，然后才是尽可能地展现蓝色。另外，任何有经验的色彩画家都知道直接并置补色能让蓝色更加生动，也就是更纯净。究竟怎样做，书中插图作了展示。由于我自己没有建造过这样的花园，所以向与我持有相同观点的人提些建议会让我感到欣慰。

称之为灰色花园是因为其中的大多数植物具有灰色的叶子，所有的地被和花境用的植物都具有灰色或者发白的叶子。花主要有白色、淡紫色、紫色和粉红色。灰色花园主要为了展示 8 月份的景观，因为大量适用的花卉在 8 月份开花；但是也可以在 9 月份甚至是 10 月份呈现景观，因为有很多米迦勒节紫菀可以使用。

116

从左到右依次为：金叶冬青（golden holly）、鹰爪豆属（*Spartium*）、向日葵属（*Helianthus*）。

书中的插图展示了连续的主题色彩花园的序列。为了清晰明了，以尽可能简洁的形式表达。但是这样的色彩规划概念可以用在其他更重要和更大范围的设计中。

金色花园放在中间，部分原因是因为有大量能够终年展现亮丽色彩的多年生灌木，部分原因是因为依照自然的色彩法则，它是欣赏两侧花园最好的准备。假如房屋就在北边一点儿的地方，靠近它可以有着这样一个或许是最符合其建造风格和品质的花园规划。我会要求有一个灌丛和树木的种植区。树荫和紧实的树团能够让眼睛和大脑得到休息并重新焕发活力，为欣赏色彩花园做更好的准备。突然进入金色花园就好像进入阳光中，甚至在最昏暗的天气里也会如此。穿过树丛有道路分隔左右，与色彩序列花园的长轴线相平行，道路向南而行，在终点处与色彩花园中的道路相汇合。这样做是考虑到花园序列的组织问题。

117

橘色花园。

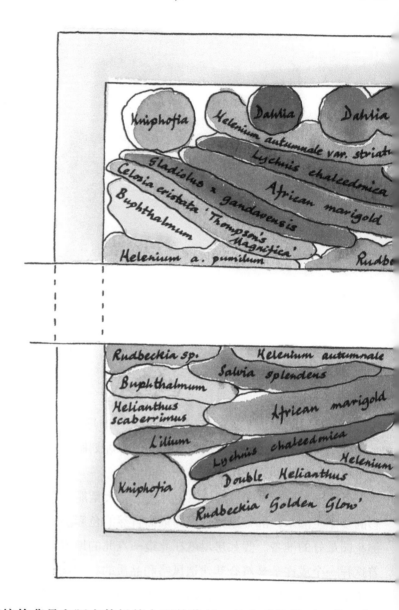

　　花境的背景和隔离的绿篱主要是紫杉，长大后修剪至 7 英尺高。但是在金色花园中，绿篱的外形可以稍大和自由一些，不种植那种限定高度的绿篱，只种植没有修剪的较大的金色冬青和漂亮的金色悬铃木（plane），将它们修剪整理到需要的大小即可。没有生硬的绿篱，会产生更自然的感觉，能更好地与树丛相协调。

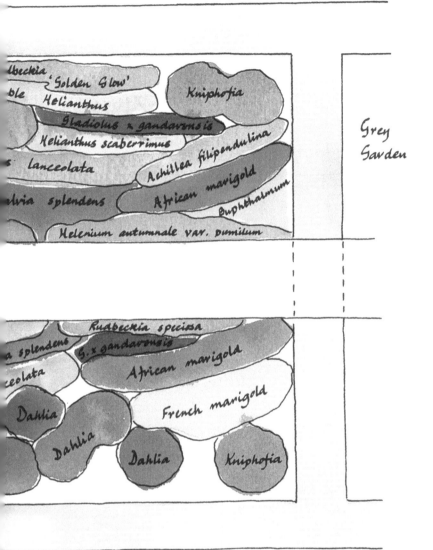

灰色花园中的绿篱是法国柽柳（*Tamarix gallica*），它羽毛般的灰绿叶子与其他灰色叶十分协调。从平面图中能够看到在与金色花园相接的地方绿篱是双层的，因为一侧是金色的冬青，另一侧是柽柳。途经入口和隔离的地方，要让灌木篱长得更高些，甚至采取措施在道路上方形成拱门。

色彩主题花园——总体规划。

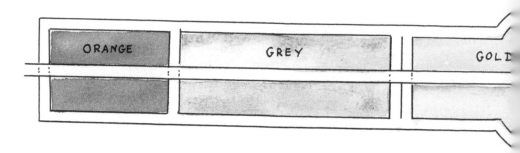

金色花园的四分之一部分。

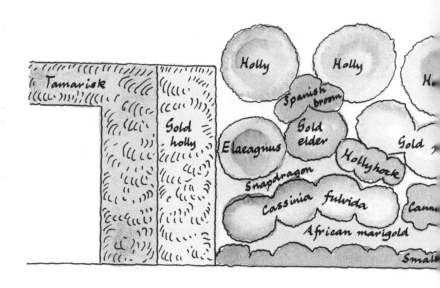

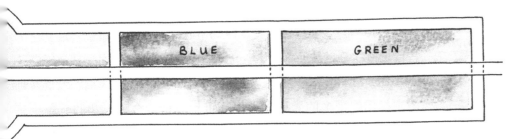

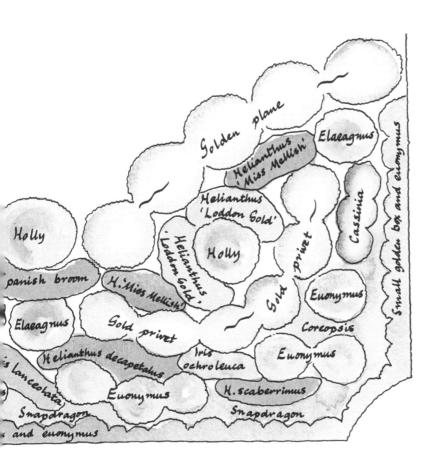

121

"突然进入金色花园，甚至在最阴沉的天气里，也像是进入到阳光地带一样"。'金色国王'冬青（'Gold King' holly）在整年都呈现出阳光色彩，黄色的委陵菜（potentilla）在夏季和秋季也提供了金色的色彩。

在金色园和绿色园中，灌木是种植的主要部分，经过数年的生长就能显现出它们的作用。最好起初就配置得当。如果开始就填满空隙，将来只保留一堆植物中的一棵，其余的都要去除，但往往留下的那一棵的位置却不尽如人意。我强烈地建议一开始就单独布置它们，在长大之前，其中的空间应该填充临时的植物。在金色花园中，最常用的一些填充植物有：月见草（*Oenothera erythrosepala*）、奥林匹克毛蕊花（*Verbascum olympicum*）和抱茎毛蕊草，在金色冬青长大前，需要栽种比图中标示的更多的鹰爪豆（Spanish broom）；金色花朵的一年生花卉，比如茼蒿的一些种类，单株或是双株栽种，以及金鸡菊（*Coreopsis drummondii*）；还有大量淡黄色和柠檬色的非洲万寿菊；细高的黄色金鱼草也举足轻重；深橙色的花，比如橙色的非洲万寿菊，单独使用它们非常棒，但在这里不合时宜，只有那些淡色的和中黄色的比较适合。

在这样的花园中，靠近道路的地方要么以一整条低矮的、金色斑驳的箱形灌丛镶边，大约18英寸到2英尺高；要么以混种的方式种植金色斑驳的卫矛属（*Euonymus*）植物灌丛，修剪到不超过2英尺。靠

米迦勒节紫菀(Michaelmas daisy）营造的10月花境。

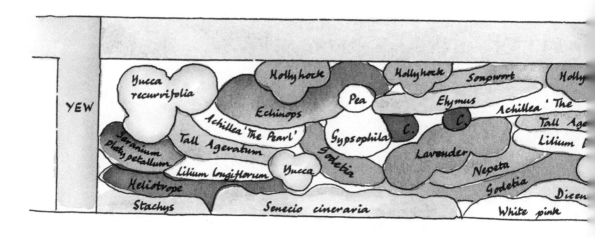

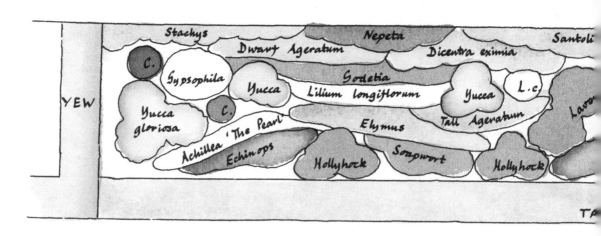

近道路的一边要剪成一条线。

色彩的强度和变化的程度很大，所以有必要亲自到苗圃中去挑选所有这些金色斑叶的植物。只让园丁去寻找它们并不够。要让园主人感到充满激情，为了寻找金色的植物，带着他参观所有可以到达的好苗圃，甚至是一些远不可及的圃地。没有哪个好的花园是不费吹灰之力就可以建成的。所有好的花园都得益于良好的规划导向和强有力的实施。

在金色花园中，道路环绕成圆，需要有一些突出的装饰——日晷、

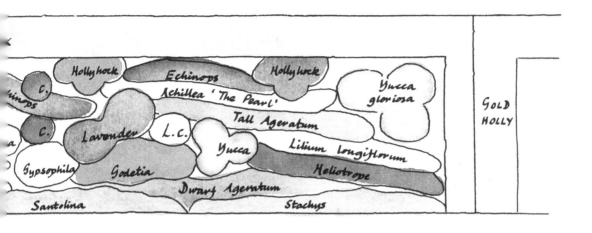

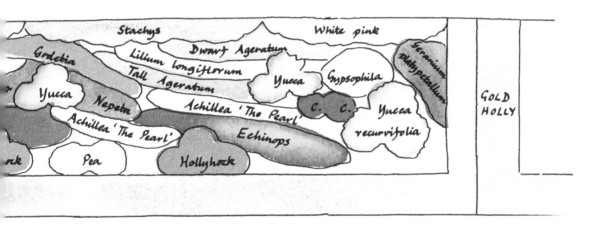

可种花的石瓶，或者栽有黄色睡莲的水槽。如果是日晷，要有刻字但不要镀金，因为这是金色花园，镀金的色彩和质感太过突出。如果是水槽，不要有金鱼，它们的色彩非常不好。为了那个诱人的词，千万不要破坏这个花园。

当然，"金色"一词本身是荒谬的；生长着的叶子和花与金子的颜色没有一点儿相似之处。但是这个词的使用可能是因为在语言中传递着一种被普遍接受的意思。

在使用自由生长的多年生向日葵时，我总是感到有些犹豫。其中

灰色花园。

125

蓝色花园。

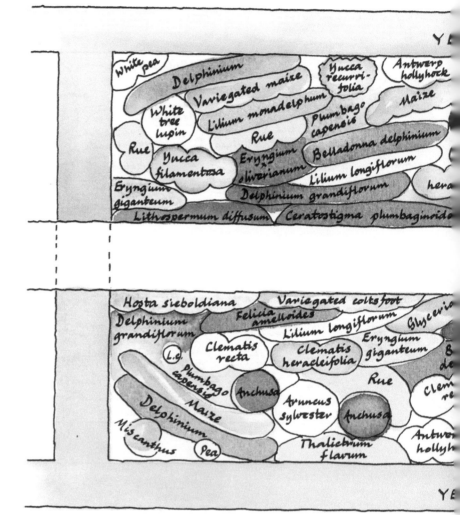

一点是很难抑制它们乱串的根，在定植的多年生植物中一年一次地移植它们很容易对周边的植物产生伤害。但在很多疏于管理的花园中它们疯长，将其他植物都抑制死亡了。所以人们顺理成章地将它们认定为低廉的、不值得使用的植物。这并不是我自己的想法，而是经常在做花境的种植规划时被要求不要放入任何这类的向日葵，因为"它们太普通了"。

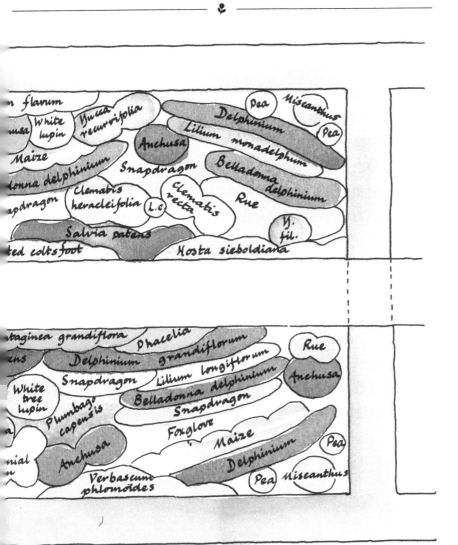

　　如果正确地使用它们就不会有 "普通"或是不值得使用的感觉了。在我看来，金色花园正好是这些秋日里明亮的花卉大放异彩的地方。我展示了一些硬直向日葵（*Helianthus scaberrimus*）和高的品种'梅利什小姐'（*H.* 'Miss Mellish'）⑪，虽然两者的色彩过浓，所以我得谨慎建议；美丽向日葵（*H. laetiflorus*）较淡的黄色就显得更好，尤其是'洛登金'，是极好的淡色的种类，还有一种柳叶向日葵的品种。

大量的灰色叶和蓝色花植物：蒿属（Artemisia）、蓍属（Achillea）、荆芥属Nepeta、缬草（valerian）为蓝色的翠雀花（delphinium）和婆婆纳（Veronica）提供了完美的环境。背景处开金黄色花的萱草属（Hemerocallis）让我们想起了芒斯蒂德·伍德花园的花境中具黄色花、灰色叶的芸香。

唐松草属（Thalictrum）、羽扇豆（lupin）、芸香（rue）。

金色的悬铃木在道路从北边进入的地方，显得非常漂亮。最好在后面补充些金色的冬青或者金色的紫杉，以弥补冬天的效果。

在平面图中的一些地方，植物配置没有考虑"金色"一词，但黄叶或是黄斑的灌木类植物总是确定不变的。优美、裂叶、金色的较大型植物会很理想，但也需要普通常见的种类。

穿过橙色花境来欣赏灰色花园或许会获得更好的效果。在橙色花园中，眼睛里充满了浓烈的红色和黄色。依照色彩的自然规律，强烈而丰富的色彩会让眼睛急切地去寻求补色，所以当站在黄杨的拱门内突然向灰色花园里面看去时，效果令人惊讶——非常震惊——明亮而且耳目一新。以前从不知道藿香蓟属、薰衣草或者是荆芥属（Nepeta）植物能这样的鲜亮；甚至是灰紫色的蓝刺头属植物的表现也很生动，超出了预想。'杰克曼尼'铁线莲组群的紫色变得分外明亮，灰色和灰绿色的叶子看起来格外的清冷。

图中展示了以银叶菊、水苏属、神圣亚麻属为灰白色边的植物配置方式。有数团薰衣草搭配着大花的铁线莲，这样可以使得它们靠得很近并局部覆盖。在对面远角处种植了高高而雄伟的凤尾兰、弯叶丝兰，

欧滨麦（Lyme grass，*Elymus arenarius*）和肥皂草（soapwort）。

靠近前面的是自由开花的小型丝兰（图中标示为 yucca）。花的颜色有紫色、粉红色和白色。除了丝兰，其他的白花是麝香百合和白花百合（图中标示为 *L. c.*），纯白色的'珍珠'蓍和灰白色的锥花丝石竹组团。粉色花主要是'双玫瑰'高代花，5 月初播种的美丽的浓粉红色'粉美人'蜀葵和淡粉红色的重瓣肥皂草（soapwort）。种植'杰克曼尼'铁线莲（图中 *C.*）和白色的宽叶山黧豆，用来覆盖花谢之后种荚变成棕色的丝石竹属植物。丝石竹失去灰色的时候剪去花头，此时山黧豆和铁线莲已经靠近，可以攀爬了。5 月丝石竹猛长的时候，整理幼苗并在周围竖插一些坚硬的细枝支撑它们。很快就看不出来了，但依然是稳固的支撑，当修剪掉丝石竹的顶部时，其他植物就攀爬上去了。

　　欧滨麦是蓝绿色的，一种花园的栽培类型，原生长在我们海边沙丘面海的一侧。附近的肥皂草是重瓣型的，在很多地方能够见到其野生种。

　　藿香蓟属的两个种类被使用，一种亮丽色彩的矮生种种植在前面，表现为一个紧密的色块。高高的熊耳草填充花境远处的背景，表现为分散的紫色团块。图中花园慕欣荆芥是一种很好的种类。它的正常花期是 6 月，但是将植株修剪一半后，去除第一次花，到了月中就会发出新的花枝。

当经过灰色植物种植区后，金色花园看起来格外明亮和灿烂。眼睛经过几分钟黄色的浸润之后，来欣赏蓝色花园，会有一种兴奋的视觉感受。色彩的光辉和纯净之感无法表述，确实没有蓝花如此蓝过，这就是感受到的印象。首先，除了刺芹属植物和大卫铁线莲是灰蓝之外，所有的蓝色花都是很纯正的蓝色；不要有蓝紫色，比如最蓝的风铃草和宿根羽扇豆；不容许使用它们。用一些白色和最淡的黄色花陪衬蓝色；泡沫白色的直立铁线莲是颠茄翠雀（Belladonna delphinium）的很好陪衬；白色多年生羽扇豆，其白色轻淡得有如杏仁；假升麻是另一种有着泡沫白色花的植物。仔细地选定位置，让奶白色的木羽扇豆贴近芸香和丝兰的淡蓝色叶子。接着是'萨默塞特'羽扇豆（lupin 'Somerset'）轻柔的柠檬色和高高的黄色金鱼草展露出饱满的鲜黄色，柔软羽毛似的唐松草（Thalictrum）松散的浅黄色和红药百合浓重的鲜

（远处的左侧）大花葱（*Allium giganteum*）、野芝麻属（*Lamium*）、白色的剪秋罗属（*Lychnis*）和作为低矮镶边的蒿属（*Artemisia*）——是灰色花园漂亮的开始。

翠雀花（delphinium）和芒属（*Miscanthus*）。

绿色花园。

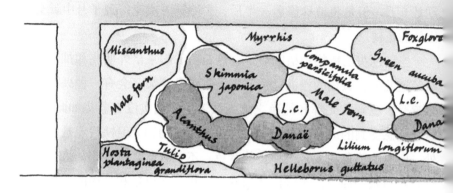

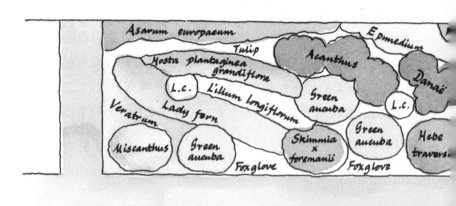

黄色，后面是白色的宽叶山蒥豆，和白色榕叶蜀葵。白色条纹叶的玉米长大后覆盖翠雀花开花后留下的空地，栽下几盆蓝雪花填充空隙。7月份的第三周，浅蓝色叶的直立铁线莲花期结束后，也可用这样的组团来覆盖。

　　丝兰属的大型和小型种类都被用在蓝色花园中，还有白色的白花百合、麝香百合。除了偶尔一片银色的硕大刺芹，还有灰绿色和亮绿色的叶子组团。前边是两种非常棒的玉簪，大花玉簪有着明亮的黄绿色叶子，圆叶玉簪的叶子是灰绿色的。杂色款冬是很好用的饰边植物，

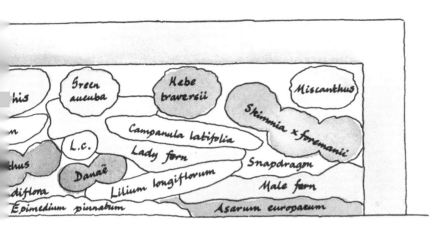

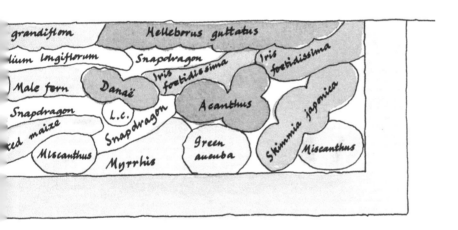

它宽大斑驳的黄绿色适合搭配美丽的水甜茅（*Glyceria aquatica*）。虽然杂色观赏草最适宜的生境是湿地，但也可以种植在花境中，但最好避开阳光。在颜色上它与款冬很协调；作为一种花园植物，它与古老的丝带草（ribbon grass）具有同等地位，但还要更好。做好计划在春末通过移栽进行控制；如果不这样做，在夏末前就表现得相当破败；如果在4月末被移栽或分栽，整个观赏季都表现很好。大型的白色条纹的斑芒（*Miscanthus sinensis* var.*variegatus*），在角落处被种在翠雀花的后面，与玉米搭配效果很好。

（134页）观赏草、莎草（sedge）、竹子、蕨类和沼芋属（*Lysichitum*）与假升麻（*Aruncus sylvester*）羽毛状花序增强了绿色花园的清爽感觉。

（135页）从右到左依次为：斑叶芒（*Miscanthus sinensis* 'Zebrinus'）、假叶树（*Ruscus aculeatus*）、东瀛珊瑚（*Aucuba japonica*）。

从蓝色花园向东走，来到绿色花园。明亮、深绿色、光亮叶面的灌木成为主导。这里有绿色的桃叶珊瑚属（*Aucuba*）和茵芋属植物搭配大王桂（*Danaë racemosa*），还有叶子更为光亮的老鼠勒属、玉簪属、细辛属的植物以及白花百合、麝香百合和红籽鸢尾（*Iris foetidissima*）。欧洲鳞毛蕨、蹄盖蕨和那些在古老英国花园中的有点儿像蕨类的甜芹（sweet cicely，*Myrrhis odorata*）组成淡绿色羽毛状的组团。在角落里再一次配置了'横斑'芒（*Miscanthus sinensis* 'Zebrinus'）——叶子上有横段状黄斑。

在绿色花园中，花很少并且几乎都是白色的——白花阔叶风铃草和桃叶风铃草、百合、郁金香、毛地黄、金鱼草、芍药、铁筷子——每个季节开一点点花，只是对光亮的、似蕨的叶子形成的总体色调进行补充。5、6月份，垂铃儿属和淫羊藿属植物的花在前面显示出一点儿极淡的黄色。绿色园要想达到完美，需要更大一些的场地。

135

XIII
攀援植物

靠房屋或墙大约4英尺的地方，通常种植着藤本植物或用作攀附的灌木，配置上没有什么特别想法。如果这样，就会懊悔错失利用植物或是恰当使用植物的机会，如同花园评论家在看到很多游乐场中乱糟糟地种着植物时所产生的感觉。当经过乡村小路的时候，我们经常会被路边村舍花园中的美景所吸引，有些完全可以作为优秀种植的范例。这些范例告诉我们简洁的伟大之处——一次只做一件事情，避免过多的细节。例如，有一个农舍在客厅的窗户下种植了一丛有一定株龄的带刺的日本木瓜，它在早春开花，非常漂亮。农舍的其他地方被老的葡萄（grape）所环绕，我认为葡萄藤或许是所有攀援植物之中最漂亮、最适合在农舍或者农舍类型的小房子旁种植的植物。这样的景致出现在古典风格建筑的墙壁上，看起来不太合适。实际上，那样的房子没有任何的攀援植物会更加好看。不过，在这样的建筑前会看到如此景致——木兰以高贵典雅的枝叶占据着墙面较大的空间，旁边搭配着少量轮廓清晰、纤弱的桃金娘（myrtle），让人赞叹。

如同花园规划的其他问题一样，攀援植物的种植也涉及植物的知识和趣味的取向。要考虑围墙或房屋的种类和它邻近的形式，然后经过细心挑选，才能找到最合适的植物。就我个人而言，无论房子的规格和形式如何，我都会高度重视墙垣绿化。我自己的家就是一个大型的农舍房屋，主要的攀援植物是南面和西面的藤蔓和无花果。位于房屋突出的两翼之间北向背阴的庭院中，在较阴冷的两边种植了绣球藤，它们相互依附，攀援生长。在房子较暖和一边的屋角处，屋檐不太高，中国月季已经攀爬上去，迷迭香覆盖了整个墙基，正在努力地向上生长。中国月季美丽的花朵和迷迭香深绿色的枝叶，令我深深陶醉。在随后

上：华丽铁线莲（*Clematis flammula*）；右侧：星花茄（*Solanum crispum*）。

136

要提到的乡村小屋的例子中，日本海棠被种在起居室长长的窗户下面。
我记得另有一个村舍的门廊布满了棣棠（*Kerria japonica*）的金色球状
花，中国月季爬上了矮墙上的大部分地方，粉红色的月季好像在询问
它们中谁的色彩最可爱，是背倚在银灰色老橡树上的那些，还是靠在
暖白色灰墙上的那些？我们应该记住，在所有的月季品种中，'中国粉'
（*Rosa* 'Pink China'）是花期最长的，5 月末之前第一次开花，非常漂亮，
如果是在受庇护的地方，还能二次开花，并一直能持续到圣诞节。

　　庭院中的绣球藤在朝东的墙面上恣意地生长着，并且超过了屋顶
的边缘。看起来有点混乱，但实际上它们是经过细心栽培和管理的；
养护管理的目的在于展现它们自然下垂的长条枝和缀满花朵的长花环。
在某些地方，它们爬过并覆盖了墙上唯一的伴生植物欧洲绣球。之后，
转向左边，以花环的形式沿着水泥模制橡树横梁生长，这里是抹灰面
木墙的基础。

　　这只是应用绣球藤这种美丽攀援植物的方式之一。还可以把它种
在所有乱糟糟的树木下——老的苹果树、多枝的荆棘、断权的悬钩子、
亦或是其他野生的灌木，它都能以优雅的生长姿态和大量的花朵迅速
地覆盖它们。它能攀爬上一棵高大的冬青，也能覆盖一道衰老的灌木
篱墙或者覆盖任何难看的棚子和仓库。所有的野生铁线莲都更喜欢白

'四瓣玫瑰'绣球藤 (*Clematis montana* 'Tetra-rose')的粉色花朵装饰了墙面。紫鼠尾草(sage)的叶子、灰色的猫薄荷(catmint)和多年生的桂竹香(wallflower)花朵提供了柔和的色彩。

垩土,但是绣球藤并非一定要这样,在我的花园里,它们就生长在沙土里。在5月末它们开出大簇的花朵,并在6月初达到盛花期。在花朵即将枯萎的时候,白色的花瓣在掉落前会轻微地皱缩,散发出香草般的甜香。这种香味不会总能从花上闻到,但会夹带在吹过花簇的风中;在6月的第二周就能闻到,常常让花园主人感到困惑。

另一种类似绣球藤的铁线莲是9月份开花的华丽铁线莲,与野生种非常相近,也具有上述这些用途。略加栽培管理生成繁花锦簇的形式。它有多种应用方式,如乡村小屋上、灰白色的橡木栅栏上,以及与羽毛般柔软枝叶的毛叶珍珠梅(*Sorbaria tomentosa*)相结合装饰墙面。两种植物令人满意地生长在一起,在我的花园中没有什么能比得上这一组合让人称道的了。那面墙面北偏西一点儿,每年让人高兴的不只是观赏植物在形式上的结合之美,还可以欣赏到它们的色彩之美;野生铁线莲如白色泡沫般的花朵,珍珠梅属(*Sorbaria*)植物如蹄盖蕨一样灰绿的叶子。但是这种野生铁线莲还有许多其他的用途,如用在凉棚、拱门和藤架上,同样也可应用于野生花园的各个方面。

葡萄叶茼麻可用于墙垣绿化,而且非常好看,但它的这种用途却经常被人忽视。它的耐寒性较差,不宜种植在英国北部和中部地区,但在伦敦的南部地区可以生长得很好。花簇生,每朵花直径约2.5英寸,淡紫色的花和毛茸茸的灰色叶子非常协调。

没有一种蓝色能比初开的三色牵牛(*Ipomoea tricolor*)的色彩更让人感到美好和纯净的了。三色牵牛被广泛地称为"天空之蓝",其色彩名副其实。它们必须在年初加温培育,6月份移到室外靠着一道温暖的墙放置。一道面向西南的墙的底部有一条狭窄的花境,其中种植了一些三色牵牛,借助于一些短小的豌豆枯枝,它们爬到了附近一种藤蔓较矮的分枝上。这是一种查色拉葡萄,叶子呈灰绿色,几近黄绿,是纯蓝色的番薯属植物(*Ipomoea*)的最好陪衬。这是一年中最愉悦我眼球的色彩盛宴了。

星花茄的花朵呈紫色,束状,是最好的墙垣植物之一。另外一种适用于墙垣的植物是漂亮柔和的素馨茄(*Solanum jasminoides*),形式

自然，与墙上的其他植物交错生长。它的花簇是白色的，在夏季达到盛花期，并一直持续到深秋。我家附近的两个花园都非常漂亮；其中之一是在有遮挡的庭院中，向阳的墙壁上爬满了这种植物；另一个花园里，它在南边高高的老墙上蔓延，从上部台地看下去，花朵衬托在中部台地云雾缭绕的林地里和远山的灰蓝色调中。在这个地方，周围环绕着长势很好的柠檬过江草（*Lippia citriodora*），或者说是具有柠檬气味的马鞭草属植物，生长繁茂归功于它们受到保护的根部和主芽。在那些有阳台的地方，凉棚上攀爬着这种芬芳的植物，会有很多机会不经意间被触碰到，它的香味会被飘送到上面房间的窗户里。

这里只是介绍了少部分攀援植物和蔓生灌木较为细致的应用方式。有一点儿岩石的山坡是我热切渴望建造花园的地方之一，却又从未得到过；这种山坡既有陡坡又有跌落和冒出地面的岩层，最适合攀援植物和蔓生灌木生长。这种地方非常适合栽植黄色的迎春（winter jasmine, *Jasminum nudiflorum*）、繁茂或稀疏的野生忍冬、蔓性的野生铁线莲和花果都很漂亮的乡土植物白葡铁线莲；类似连翘和胡枝子（*Lespedeza thunbergii*）一样扎根高处垂落着瀑布般花枝的灌木，以及光叶蔷薇（wichuraiana rose）、葫芦（gourd）和野生的葡萄藤在这里都能很好地生长。这个场地最好有四分之一英里长，这样可以轻松地进

（远处的左侧）牵牛花（morning glory, *Ipomoea*）和黄绿色的葡萄叶。

"人们总是在观察并试图获得漂亮的色彩搭配"。'新曙光'月季（*Rosa* 'New Dawn'）和'蓝珍珠'铁线莲（*Clematis* 'Perle d' Azur'）是石墙上的完美组合。

行种植，一次种植一种或者将两种植物结合起来种植，如此尺度和形状的组团会形成最精彩的景致，并且这样的植物群丛会展现出最好的搭配。

我曾经见过很长的一条光光的白垩土河岸，年复一年没有任何东西去改变这种光秃单调的景象，心中很是懊悔没有对其加以利用。我想，如果在那儿种上两种常见的植物——白葡铁线莲和红色的管距花（spur valerian），将会出现何等的美景。这样的例子何止于此。

141

XIV
盆栽植物的配置

在意大利古典花园中，盆栽植物随处可见，尤其在铺装台地与台阶之间的连接处更是如此。除此之外，还有大型盆栽植物——柑橘（orange）、柠檬（lemon）、夹竹桃（oleander）等，种植在装饰华丽的大型陶制盆器中，它们是园林设计的重要组成部分。然而，英国的气候不允许我们这样做，除非拥有一个橘园温室或其他免受冻害的宽敞空间。但小型盆栽植物的合理配置却不失为一种更适合我们花园的装饰形式，尤其是把植物布置在房屋周围铺设好的地面上，或者布置在与水池或喷泉之间的连接处，这样还可以便于每天浇水。我的住宅前庭就有这样的一块正方形空间。中间的圆形地块和紧挨着房子的地面都是铺装，比一步矮台阶稍高一些。盆栽植物就成组地布置在这些抬高的台阶旁边，只留出小路通往中心木质的长椅和房子左侧的大门。

第一件事就是弄到好的花木。在较低的平面上，每边布置了三个长方形种满大花玉簪的意大利赤土陶盆，用来遮挡摆在后面的普通花盆。这些盆栽花卉需在6月初就布置好，也就是绣球藤花期尚未结束之前。普通花盆紧挨着装饰性花盆，里面同样种植着玉簪属植物。再往里一层，紧挨房子布置着种植蜘蛛抱蛋（aspidistra）的花盆，靠墙是欧洲鳞毛蕨，还有更多蕨类和玉簪填充着开花植物之间的空隙。这些开花植物中，最重要的是百合属植物——麝香百合、白百合、美丽百合和绣球花等。还有盆栽西班牙鸢尾、'新娘'矮唐菖蒲（*Gladiolus nanus* 'The Bride'）、桃叶风铃草、塔形风铃草、白色和粉色的福禄考和风铃草。只是在它们将要开花前才从地里挖出装盆。

同时放置在这儿的开花盆栽植物一般不超过两种，两三种美丽的绿叶植物本身就让人赏心悦目，通常与它们搭配的只有百合，但效果已经很令人满意了。绿叶植物生长繁茂，因此花盆被很好地隐藏了。

　　如果在阳光直射的地方，可选择天竺葵属植物作为主要的盆栽植物。生长了两年左右的天竺葵属植株，非常适宜种植于花盆中。叶子较大的心叶岩白菜则可替代喜荫凉的蕨类以及在强光下叶子容易灼伤的玉簪属植物。此外，百合、绣球花和美人蕉也是很好的选择，当然还可以布置大量优雅动人的福南草（*Francoa ramosa*）。

　　栽植前，应依照色彩对天竺葵仔细分类。一部分是白色和柔和的粉色，另一部分是深玫瑰红色，其他部分是橙红色等，现在色彩很多，效果很不错。后两类的色彩在色度上与纯的深红色很协调。'保罗克朗佩尔'天竺葵是我所知道的最好最讨人喜欢的深红色品种，花色纯而亮，但却并不夸张。

　　我对极淡的橙红色的'翁法勒'（*Pelargonium* 'Omphale'）、色彩稍浓的'劳伦斯女士'（*P.* 'Mrs Laurence'）和深红色的'肯莱尔女士'（*P.* 'Mrs Cannell'）等三个不同色彩的天竺葵品种搭配很有兴趣，努

从左到右依次为：玉簪（*Hosta plantaginea*）（叶子和花序），九龙盘（*Aspidistra lurida*），欧洲鳞毛蕨（male fern, *Dryopteris filix-mas*）。

143

位于芒斯蒂德·伍德花园北边庭院的盆栽开花植物，"只有百合（lily）……人们不会想要其他植物了。"百合在种植盆中盛开，为不同的个体提供不同的土壤，它们的优雅和芳香就可以达到极致。

力使整个景观效果在色度上变得更纯，使其更接近于'保罗克朗佩尔'天竺葵的整体效果。在花坛、花丛、花境中应用这些色彩美丽的天竺葵及其他色调相近的品种，彰显了花园主人在生活、智慧、审美和兴趣爱好上极高的水准。

在阳光下，基座上的一个个花瓶及其里面的基质都变得很温暖，这种条件非常适合种植天竺葵属植物，我知道种植'丹麦国王'天竺葵的效果最好。它的花朵成束、半重瓣，呈现漂亮柔和的橙红色；叶子质地较粗糙而明显；整个植株大而美观。对于户外的容器栽植来说，最好选择强壮的两年生植物。

很遗憾，我看到许多花园中种植了品红色的天竺葵，但我肯定不会在自己的花园中应用这种色彩的天竺葵。

在花园设计中，当遇到铺砌场地时，应当记得在石头镶边、微微抬起的植床中种植夏季花卉效果很好。这样的种植床常与台阶、铺装平台以及喷泉设计在一起，效果不错。夏季花卉如天竺葵、百合和美人蕉等种植在这种种植床中堪称经典。我的房子就是一个小村舍，所以基本没有地方去布置那样的种植床了——也没有矮墙和自由形状的路缘石，但是，我有一面用当地沙石做成的矮墙，还有一个1平方米的沙石平台及小台阶，连接着储水池和花园中的低洼地。天竺葵和美人蕉在这有围护和阳光很充足的环境里旺盛地生长着。

福南草（Maiden's wreath, *Francoa ramosa*）是一种用途很广的植物。虽然叶片稀疏，但却显著而漂亮。长长的花序有着坚定不移的感觉，它似乎也了解人们对它的期望，并且很乐意实现人们的心愿——成为优雅、美丽的观赏植物。临近夏末，福南草繁茂的花序使得花茎显得有点不堪重负，微风掠过，植株就有可能被折断。所以需要用榛木枝条进行支撑。在苗圃管理中，设立支撑很普遍，甚至在私家花园里也很常见。但是不应该迫使植物造型而完全违背自然生长的规律，也不应该失去植物的自然优雅姿态和个性特征。

盆栽的绣球花一直沿用至今。一株盛开的绣球花会给很多无趣的角落带来生机和趣味；其花期很长，并且在阳光和荫蔽环境中均能生

144

长良好。自然地生长在一些土壤中的蓝色花卉很受欢迎，可以将它们种植在混有碾碎的板岩土和坚硬填充物的混合肥料中，例如，明矾就是一种有名的培育蓝色绣球花的基质。但我个人更喜欢板岩土，因为我在花园中见过的颜色最正的蓝色绣球花就是生长在这样的土壤中。

能够作为盆栽使用的植物有很多，这里提及的只是少数。但无论如何都要记住，不应同时应用过多的植物种类，而且应在基部很好地使用观叶植物。因此，我只是选用效果最好和栽培最简单的一些植物种类。但是，漂亮的红色和白色单瓣'科内利森夫人'倒挂金钟（*Fuchsia* 'Mme Cornelissen'）不应该被忘记。漂亮的紫菀（*Aster*）品种'彗星'（*A.* 'Comet'）和'鸵鸟羽毛'（*A.* 'Ostrich Plume'）都是首要的盆栽植物，它们和风铃草一样，在开花之前甚至是盛花期时也能从地中起出移栽。

进行容器栽培，自然而然地会考虑哪些植物种类最适合盆栽。其中最重要的是常绿灌丛性状的植物——如一些柑橘和柠檬族系的植物、夹竹桃、石榴（pomegranate）、月桂树、桃金娘、曼陀罗属（*Datura*）植物、柠檬香桃叶（sweet verbena）、矮菜棕（dwarf palm）、绣球花、

天竺葵（geranium）和美人蕉（canna）种植在岩石镶边的种植床中。

146

树状天芥菜和百子莲属（*Agapanthus*）植物等。其中百子莲属植物是球根植物，但它具有大而坚实的叶子并且开花持久，是最优良的盆栽植物之一。冬天，大多数种类都需要在柑橘温室或防冻建筑内生长。其他一些灌丛状植物用于盆器栽植较难，有长阶花属（*Hebe*）的一些种类，比如短管长阶花、美花长阶（*Hebe speciosa*），以及呼给长阶（*H. hulkeana*），哈氏榄叶菊和'赛龙'榄叶菊等。牡丹很少用于盆栽，但它却是重要的盆栽植物，它的花期并不长，但那美丽的花朵却令人神往。牡丹应该种植在一个勤于养护的地方，即使在花期过后的淡季也能得到精心的护理。

　　盆栽的树羽扇豆，无论白色还是黄色，都是非常优秀的盆栽种类。圆叶玉簪也是很漂亮的盆栽植物，夏季的美人蕉以及老的灌木状的天竺葵也是良好的盆栽植物。虽然我没见过老鼠簕属植物用于盆栽，但却没有任何理由去反对它。较小的竹子如漂亮的箬竹也非常适合于盆

黄色的美人蕉（canna）和有柠檬气味的柠檬过江藤（*Lippia citriodora*）。

147

栽。说到适合盆栽的植物，我还要说一下较大的陶瓦容器，不能将老鼠簕属植物种植在陶器里，因为它们多年未经处理的根具有强大的撕扯力，会撑破任何较铁箍木桶坚固性差的容器。

在盆器上喷涂各种漂亮色彩的做法在英国很少见。几乎在每一个花园里，盆器都被喷成色调较暗但很自然的绿色，然后再箍上黑色铁环，效果还不错。所有花园附属物品的色彩问题都应该得到更多的关注。花园围墙上的门、花架、木质的栏杆、手扶门以及座椅等——所有这些以及其他一些能从花丛和叶丛中看到的木制品，如果被喷成绿色，也应该是一种较暗的绿色，不能比植物的绿叶还抢眼。尤其在花盆的色彩问题上，我们应该明确植物是第一位的，而不是花盆。木制品上明亮的、刺眼的绿色会使得绿叶看上去暗沉而使得景观效果不好。在盆栽中，盆器色彩与植物花叶的色彩如何搭配值得关注。为了避免杂乱的景观，将花园中的所有盆器都涂成一种色彩是必要的，而且这种色彩本身还要非常安静，比花园中最暗的植物叶色还要暗一些才好。另外，没有理由将箍花盆的铁环涂成黑色，将铁环涂成和花盆一样的绿色比较好。

一种安静的绿色可以由黑色、1号铬黄色和白色调和得到，其中，白色的使用量决定了混合色的色度和色调。

在其他章节里，我已经讲到在园林中应用白色涂料效果很差，比蓝色涂料还要糟糕，那会突出温室和暖房的丑陋。如果难看的结构不能加以隐藏，那么就在白色中加入大量的黑色和赭色，直到涂料变成安静的暖灰色，像是房屋粉刷匠熟知的那种波特兰石的色彩，这样可以很好地改善整体的景观效果。

上：刺老鼠簕（*Acanthus spinosus*）；下：圆叶玉簪（*Hosta sieboldiana*）

XV
一些花园景致

当眼睛学会感知绘画的魅力之后，就会常常迷恋于组团、光线和色彩的组合，这是画家眼中形成统一而优美的画面所需要的全部特征。因而，艺术化的造园者常沉迷于在花园的各个角落创造图画般的美景；许多美好的愿望失败了，一些效果平平；而有些取得了超乎想象的成功。这可能归因于一些关乎愿望实现的要素被忽视了。比如太阳的位置与所追求的彩色画面的关系。在夏天的一些日子里，光的感觉似乎会超乎寻常的美。我从没有见过那些与平常晴朗夏日里的光线有所不同的时刻，但是如果碰上这样的日子，我会满心欢喜。

就我自己的花园而言，经过深思熟虑之后，所追求的目标是简单而避免复杂；通常在一定时间段展现一种植物或者非常有限数量的开花植物，需要精心配置以免混乱，既满足视觉需求又能放松身心。很多时候，目的只是为展现一些精彩的色彩组合，并没有去考虑要创造更为惊人的画面。可能只是灌木花境中的一个组团，或者是花境和攀援植物的组合，或者是岩石园中一些精心设计的植物组群。我从一个村舍花园中得到一个在其他地方从未见过的月季品种，我将其称为小月季花。它能够长 1 英尺高，开着中间变深的粉红色花朵。在花的特征上介于可爱的'包扫特红'（*Rosa* 'Blush Boursault'）和'莫城'（*R.* 'De Meaux'）之间。花朵有一英寸半宽，花型漂亮，尤其是半开的花蕾。为了最大限度地欣赏它，将其舒适地纳入视野，我在抬起的石墙上支起了一个花架，在下面和附近种植淡紫色的堇菜属植物和一条漂亮的伞形薯团块，效果不错。另一个组合让我很满意，那是粉红色'宝石'月季搭配猫薄荷和叶色发白的植物，如水苏属植物或北亚蒿。我可能之前提起过这个组合，非常美，很值得再次提起。

149

在灌木花境中，精美的假升麻中搭配一些紫花唐松草很美。在一条长长的花丛末端出现一条紫杉篱与花境的长边成直角。篱的后面是一堵带有拱门的石墙，花境前的道路从下面穿过。在石质拱门上，茂盛地生长着开满鲜花的华丽铁线莲，局部蔓生覆盖着紫杉。在花境的末端是淡黄绿色的榕叶蜀葵。无论是形状上还是色彩上都是精彩的画面；泡沫状的铁线莲组团依附在紫杉的暗绿色密实的枝叶上；榕叶蜀葵笔直的花柱展现出亮丽的色彩，呼应着拱门两边那些在阴影中会变得模糊的竖向线条。这只是大量出现的或者说有意为之的精美组合的一部分。

我房子附近的一块场地，有一条小路从这里穿过，从坚果树小径引向花园深处。一条较短的小路在这里交汇，终点有一棵高高的银色树干的桦木。看起来需要强调一下道路的交汇点；我安置了四块方形的石砌平台，准备放置四盆绣球花。就在桦木树前有一条坚实的木质坐凳和一条平缓而宽阔的石砌台阶。树和坐凳的三面被矩形组团的紫

从左到右依次为：猫薄荷（catmint）、'仙女'月季（*Rosa* 'The Fairy'）、蒿属（*Artemisia*）植物。

不管这个方案是简单的还是适中的，清晰的还是微妙的，"目标都是应用植物最好地表达人们的意愿和智慧。"这儿的微妙成功在于：木蓝属（*Indigofera*）、百合（lily）、月季（rose）、乳白风铃草（*Campanula lactiflora*）配置在一起营造出"略显忧伤"的色彩。

台阶上的自然景观：让植物自播在台阶的缝隙中，再经过精心的培育，形成一系列自然的花园景观。

杉所环绕。白桦下部斑驳树干的淡灰色和上部树干的银色光泽与紫杉的暗色、鹅绒般、密实的枝叶组团产生了细微的对比，与远处其他树木的叶团产生反差；绣球花的粉红色花和嫩绿色叶子与那些暗绿色产生了明亮的对比。这是一个在夏末秋初的三个月中让人感到高兴的简单画面。沿着十字交叉道路中较长的那条向右几码远，拾阶而上是房子北面的铺装庭院；向左会经过坚果树小径。桦木树和坐凳就在右边视野之外。在坚果树小径的树荫下驻足片刻，回望会看到绣球花的另外一种景致，背后的台阶和房屋处于阴影之中，阳光透射着那些淡绿色的叶片。坐在凳子上，穿过粉红色的绣球花会看到一条短而直的路，路两边布置了树墙。远端的阴影中有一盆淡蓝色的绣球花，后面如同桦木树周围一样是以紫杉为背景。

在房子南面，有一条窄窄的花境种满了迷迭香，搭配着中国月季和一种藤本。窄窄的草坪以林地为背景，高于房屋的基面，平缓的台阶从中部延伸上去，左右两侧是低矮的干石墙。干石墙的上边是一条密刺蔷薇花篱，在下面狭窄的花境里种植着矮生腋花木藜芦，那是一种全年整齐的小灌木，冬天带有漂亮的红色。

漂亮的白色百合不能种在我花园里的干热沙地上。甚至在种植点换用它喜欢的壤土和石灰质土壤也不行，但周围的土壤还会抢夺它所需要的养分；只能糟糕地生长一年就不行了。唯一的方法是盆栽。多年来我一直想在较低矮的花境里规则地种植这种可爱的百合，就种在密刺蔷薇的前面、木藜芦的后面。我没有足够深、底部足够宽的花盆，但发明了一种替代的方法。找一些短粗、没有上釉的排水管，长度和直径各有1英尺，用几片屋瓦和破碎的花盆粘合一个人造的盆底，留出排水孔。在每个花盆的种植土中放入三个种球。当它们长到一半，将花盆近等距地埋在木藜芦中间，几周后一排百合就展现在眼前。一个月后，在远处的树林边，其他的麝香百合就会在欧洲鳞毛蕨的叶丛中绽放，还有一盆福南草镶嵌在平缓的台阶左右。

去年或是前年，在这些台阶处也出现过一些美丽的景致；虽不足以称之为花园中的图画，但却很美、有趣、令人喜爱，它们靠近起居

室通往花园的门，启示着我去寻觅自然天成的心仪之景。在左侧的棘木丛中出现一株野生的白葡铁线莲幼苗。因为生性太过强健所以不能任其攀援，我把它引向台阶，让一两条沿着台阶的缝隙生长，在植物的叶下盖上几片石板，以免因参观者的裙边或是猫的戏耍而被移开。与此同时，在上部台阶的石缝里种植了一株塔形风铃草（chimney campanula，*Campanula pyramidalis*）。第二年，植株长出了高高的花茎，花开正艳，当初秋的一场大风将其摧毁时，风折断了植株的地上部分和上部的根茎。但少量的根依然活着，现在又长出了强壮的植丛，来年将会冒出更多的花茎。

紧挨着风铃草（bell-flower）的后面，一片野生百里香匍匐在草地上，并蔓延到石头上。幸运的是我在剪草的时候保留了它。当它很好地蔓生在石头上，亮玫红色的花依然为我带来快乐之时，剪草机却夺走了其他可爱的小花——山柳菊（hawkweed）、远志（milkwort）、猪殃殃（bedstraw）等，只要给予它们必要的粗放管理，不久就又能开花。

XVI
漂亮的果园

有一套种植方法可以使果园变得优美，但很少有人做过，或是尝试过。到目前为止，人们在让果园变得更为漂亮方面做得很少；而常看到的几乎都是不尽如人意的地方，比如漆成白色的果园小屋和葡萄温室，还有金属丝和金属网。不是说要去除这些必要的设施，而是以这种常见的最显眼的方式来建造它们并无美感可言。在设计新花园或是改造老花园的过程中，当规模比较大时，可以把那些必不可少但不漂亮的东西放在角落里，用篱和墙遮挡起来。

另外一点，为了更好地利用，我认为果园四周要有围墙围合。形状上长大于宽，面积大约一英亩半。我在很多地方见到过这样的场地，虽然围起来，实际上却没有很好地使用。

在墙上布置整形果树——桃树（peach）呈现出优美的扇形，梨树（pear）展示出长长的水平线条，还有耐寒性葡萄的藤蔓。所有的这些景观很好地展现了栽培者在植物造型艺术上的探索。靠墙的部分留有 6英尺宽的空地，以便接近果树，进行修剪、整形和根部处理。全然为了美，还布置了 14 英尺长的花境和一条 8 英尺宽的道路。在四周高墙的中间部位建有拱形的门，对应着果树林中的草径。如果墙的外角上有一些对称性的建筑，那就更好了。花园的设计要利用所有的要素：藏于视野之外的棚屋；上部是花卉种球储藏室的半地下果窖；漆房；茶室等。

中间是草坪；中心点是一棵桑树，两条道路交叉穿过，两列果树排列在路边，路的端头是月桂树。纬度 51°穿过苏克塞斯郡的上部区域，在低于这一纬度并且经受海洋暖湿气流影响的英格兰南部地区中，绿地里的果树是形态标准的无花果树；除此之外，在其他地方只有灌丛状的梨树和苹果树（apple）。如果是钙质土壤，有利于种植无花果和桑树(mulberry)，树藤上几乎能挂满果实。草坪的角落里可以栽种玉兰、丝兰和绣球花。

周围边缘种植小灌木和一些枝叶茂密或是重要的树木；空间太长不适宜配置普通的花境。所以就在每个角落里种上一丛优美的星花木兰、丝兰、火炬花、耐寒倒挂金钟、芍药、吴氏大戟、蜀葵、大丽花、绣球花、米迦勒节紫菀、鸢尾、美丽的'赛龙'橄榄菊和哈氏橄榄菊、树羽扇豆、连翘、锦带花、较小的丛状绣线菊、长阶花、柽柳、大花的野生铁线莲、丛生花园月季、玉簪等。

毫无疑问，我的果园不只是一个漂亮、景色优美、充满奇思妙想的地方，还是一处悠闲的安静之所；只是那份独有的趣味悄悄地、以让人喜爱的方式打破了这种宁静。在7、8、9月，这儿是一个散步的好场所，在果园中能够找到大量美味的水果，可以直接从树上摘下来吃。一路上寻找和品尝水果是一种乐趣，比让园丁摘下来、带到沉闷的房间中、放在盘子里、然后端到你面前的感觉好多了。这不就是一

梨（pear）、桑树（mulberry）和桃树（peach）。

"当然，我的果园并不只是一个漂亮的地方……它还是一个安静的地方……是一个适合散步并寻找美味果实的地方。多么诱人的杏啊。"

种感觉上的回归吗？就好像远古野人时期，男人们出外寻猎欣喜地发现猎物时的感觉。或者有点像诗人与生长的万物直接交流时的兴奋，看到并且全身心地感受到了事物是那么的美好和亲切。手在无花果树中掠过，注意到叶子的上表面有些粗硬，而下表面依然柔软，感觉到它们黯淡的香味；看到开裂的果皮，连按枝条的颈部正在变黄——这表示果实的成熟，有蜜露滴落——成熟的迹象就更明显了；果实的采摘必须小心，因为软嫩的果皮很容易擦伤和碰破；与此同时，会观察到浅灰色的花悄悄地变为紫色和绿色；最后是见到果实的兴奋，它是最有益健康和能作为食物的一种水果。诚然，这都是花园之益处！接着，被阳光照得温暖的杏（apricot）和桃让人垂涎欲滴，在一年中的晚些时候，直接从树上摘下来的扎格奈尔梨（jargonelle pear）总是最好吃的；9 月桑葚成熟。漫步于宽宽的草径上，从果园进入花丛和花境的百花之中，令人多么惬意；见到壮丽的丝兰和大量的绣球花，接着是华丽的火炬花和其他赏心悦目的树木；看到庄严的月桂树，欣赏每个枝叶那无与伦比的美。

（158 页）"4、5 月间，果树的花盛开，树下的嫩草在生长，这是多么漂亮的景观。"这儿，黄花九轮草（cowslip）与红色的报春花（primrose）混植，呈现出不同的红色调、柔和的橘色和浅黄色彩，以增添春天的景色。

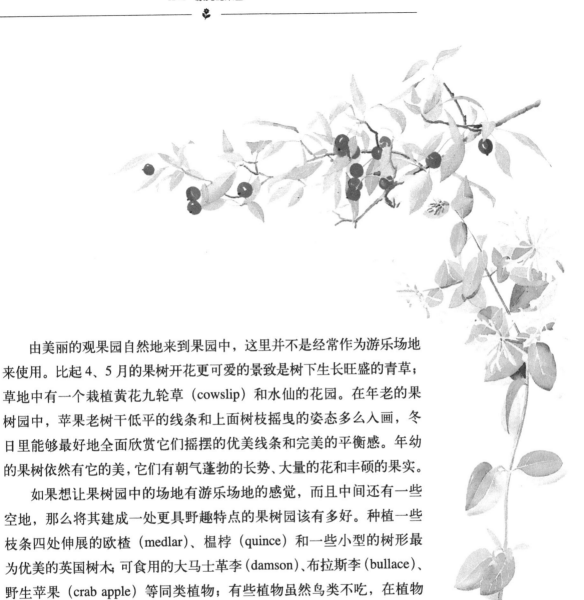

由美丽的观果园自然地来到果园中，这里并不是经常作为游乐场地来使用。比起4、5月的果树开花更可爱的景致是树下生长旺盛的青草；草地中有一个栽植黄花九轮草（cowslip）和水仙的花园。在年老的果树园中，苹果老树干低平的线条和上面树枝摇曳的姿态多么入画，冬日里能够最好地全面欣赏它们摇摆的优美线条和完美的平衡感。年幼的果树依然有它的美，它们有朝气蓬勃的长势、大量的花和丰硕的果实。

如果想让果树园中的场地有游乐场地的感觉，而且中间还有一些空地，那么将其建成一处更具野趣特点的果树园该有多好。种植一些枝条四处伸展的欧楂（medlar）、榲桲（quince）和一些小型的树形最为优美的英国树木；可食用的大马士革李（damson）、布拉斯李（bullace）、野生苹果（crab apple）等同类植物；有些植物虽然鸟类不吃，在植物学家看来不属于果木，但它们的花和果很美，也可以栽种一些，比如花楸、野樱桃（cherry）、黑刺李（blackthorn）和山楂（whitethorn）、稠李（bird-cherry）、白面子树（whitebeam）、冬青和唐棣属植物。所有这些树木与大片自由生长的月季、野生铁线莲品种和野生忍冬交错种植。还应有一条由马氏榛（filbert）或欧洲榛搭成拱状的遮荫小路穿过这里，产生宜人的夏日荫凉和硕果累累的秋日丰收之景。

多花海棠（*Malus floribunda*）和普通忍冬（*Lonicera periclymenum*）。

159

XVII
冬季的色彩设计

冬天里很多令人喜爱的色彩不是由花和叶子展现出来的，而是通过精心挑选和配置彩色干皮的小树来获得的。在这些树木当中最常用的是欧洲红瑞木（red dogwood）和一些柳树。通过种植树皮明亮的树木获得色彩的方法并不新鲜，早在一个半世纪以前，已故的萨默斯男爵在莫尔文附近的伊斯特诺城堡中，如他所描绘的那样时常"涂沫他的树木"。

红枝白柳（cardinal willow）有亮红色的干皮，'绯枝'白柳（*Salix alba* 'Chermesina'）的干皮是橙色的，黄枝白柳（golden osier）的干皮是亮黄色的。每年的新长枝条色彩最好，所以为了用它们来提供色彩，通常每年冬天都要修剪；修剪诱发的大量新枝自然而然地增加了色彩效果的密集程度。但如果用较大的尺度种植它们，每年冬天的修剪应该限定在外围，在定植的头两年或更长的时间内修剪以保护它们的良好比例，并且在背景处种植一些从不修剪的植株，让它们充分生长，显现自然的特性。

不要分门别类地单棵栽植，而是要精心地成组和成群地配置，这样展现出的色彩会很好，比如'绯枝'白柳（scarlet willow）搭配紫色干皮的瑞香柳（*Salix daphnoides*），并将它们穿插进黑色枝干的银柳（American willow）组团中。这样的组团不用太大，但要靠近道路布置，近在咫尺会获得更好的景观效果。为了获得更好的干皮色彩，最好每年将植株全部剪除，在较大的种植组团中搭配不同年龄的植株会更理想，否则仅仅用一种植物组团代替精心设计的花园组群的效果会不太理想。

一些花园月季，无论是自由生长的种类还是灌丛状的种类都具有

植株中突显出彩色的枝干，"最有价值的是红色的红瑞木（dogwood）和一些柳（willow）"。在这个冬季花园中，红黄色枝干的红瑞木从花叶的扶芳藤（*Euonymus fortunei*）挺立。

精细的干皮色彩，也可以用同样的方法加以运用。它们特别适用于凹凸不平的场地，比如在由老旧的空车道改为园地的斜坡上，或是采石场倾斜的石屑地面。自由生长的月季种类中，色彩最好的有锈毛蔷薇（*Rosa ferruginea*），它的叶子和红叶蔷薇（*R. rubrifolia*）⑫的干一样红，还有来源于垂蔷薇（*R. × reclinata*）的波苏蔷薇（Boursault rose）的变种。灌丛型的月季中呈现微红色的弗吉尼亚蔷薇最好。

水边巨大的香蒲（reed mace），通常被误称为芦草（bulrush），几乎整个冬天它都挺立着美丽的种穗。几片普通的芦苇（*Phragmites communis*）在冬日里呈现出明亮而温暖的色彩团块，不仅愉悦我们的眼球，还为野鸟提供了舒适的庇护所。

一些灌木有着显著的绿色干皮，比如卫矛（spindle tree），但由于生长得过于分散而不能产生明显的色彩效果。在一些花园中，鬼吹箫被成片地种植以呈现冬天的色彩，但我对它是否能成功心存疑虑；因为虽然它的半木质化茎的表皮是亮绿色的，但是这种植物有宿存叶的特性，花蒂会保留到1月份或是更长的时间。在霜后，会呈现出不整洁的灰色残片，非常难看。所有的绿色干皮植物中最具明亮效果的是越橘树，它是一种生长在泥炭土或沙土上的植物，是冬季最为惹人喜爱的小灌木之一。

如果种植一定比例的常绿树，冬天的效果会更好，能大大增加乡村景致的受喜爱程度。花园外围、花园各部分之间以及林地中的一些区域是种植常绿树最为理想的地方。如果做得好，冬天带来的不适感觉会消失殆尽，因为几乎所有的常绿植物在冬天都能表现得很好，甚至在夏天，落叶灌木和草本植物的表现也不如它们。夏天，常绿植物也很好看是因为绿色的植物组团中混种了一些自由生长的月季、茉莉（jasmine）、野生铁线莲、野生忍冬、连翘等开花植物，它们美丽的花朵会带来迷人的景观。

冬天的散步场所需要从北面和东面进行遮挡。我脑海中就有这样的一个地方，在花园的另一边。那里的一部分植物是木质的老灌木，还有一条通向松林小丘的山谷。道路斜斜地爬上山腰。在阴冷的

冬季的朦胧，"是任何夏季景观都不具备的另一种美。"这是杰基尔书中开篇和结尾都涉及的话题，也提醒了我们自然对于人造花园的贡献。

较低的地方种植着杜鹃花和山月桂，搭配着少许茵芋属和白株树属植物。靠近道路，在阳光较少的一边会种植一些东方铁筷子以及可爱的冬天呈绿色的淫羊藿属植物。在全光照的地方种植了马醉木（*Pieris japonica*），在稍阴的树林边缘种植了多花马醉木。这两种耐寒的、木质脆弱的灌木形成了 4 英尺或是更高的密实灌丛。在它们的基部生长着低矮的有着像柳树一样柔软枝条的木藜芦。它形成了漂亮的 1~3 英尺高的地被覆盖，所有季节都会很漂亮——它的叶子在冬天会变红或呈现红色的斑纹。在部分较阴冷的场地中，可栽种荷叶蕨（hartstongue）、欧亚水龙骨这两种在冬天表现良好的蕨类植物作镶边。接着，当道路通向有更多直射光的地方，种植了岩蔷薇，它在冬天温和的天气里会挥发出浓郁的香气，另外还可种植一些矮生杜鹃。在岩蔷薇后面是白色金雀花，冬天会展露出纤细的绿枝。甚至还可以栽种一些开花的灌木，如开着茂密黄色花的北美金缕梅（witch hazel）和亮黄色花的迎春。接着是刺柏组团，所有的地表都覆盖着欧石南，上部的松林中也是如此。穿过低处令视觉舒适的绿色植物组团，登高远望冬季风景的可爱色彩，

163

从左到右依次为：垂枝木藜芦（*Leucothoë fontanesiana*），日本茵芋（*Skimmia japonica*），欧亚水龙骨（*Polypodium vulgare*）。

会有分外喜悦之感；中部视野中，光秃树林的灰色和紫色有一种夏日景观中所见不到的美。天气晴朗时，远处呈现出纯净的色调，很多日子里远处淡淡的阴霾中藏有一种神秘的美。

通常看到的月桂树（laurel）都被长期修剪，人们总是以低劣的方式应用它。由于价格便宜，生长快，非常易于做成屏障，从而见不到月桂树其他更好的应用方法。其实可以将它种植在稀疏的林地中，不进行修剪，它就会以奇特的方式长成小树，树干的形状和富于特点的枝条非常入画。

XVIII
种植形式

如果说在前面的章节中我过于关注色彩，并不表示我会轻视同样重要的形式和比例问题，而是我认为色彩问题经常被忽视或者很少谈及。在花园设计所涉及的所有问题当中，植物细节上的合理配置需要了解植物的艺术特征。每个植物组团的形状要想有最好的效果，不仅要有明确的目的，而且要绝对自信地动手配置出来，这样才能感受到画面中的植物组团与周边的联系，或许是树丛和花境的整体形式、或许是场地本质上的任何事情。我只是太过在意这一点以至于很多的陈述可能没传达出什么思想；尽管如此，我冒昧地坚持这一真理。另外，我以此书答谢与我持有相同造园观点的人，他们中的很多人甚至还没有能够通过学习和长期的实践，在花园设计中表现出画家称之为"绘画"的特质——正确的线条移动、形式和组群——至少要意识到它们的价值——实际上至关重要——如果缺少这种意识，就不能感觉出植物配置是否有生气、精神，不能作出合理的判断。

即使熟练地掌握了一些美术方法也不一定能在地面上通过种植展现出来。我有一位交往了半辈子的好友是风景画家，他对自然美的理解最为精练和富于诗意，并且非常喜爱花卉和美丽的植物，但是要他独自营造一个花园却无能为力；画家对于场地和植物没有很好的意识的现象很常见。

所以，不要期望买来不错的植物，只是告诉能力平庸的园丁将植物种在一起就够了。现在很多人就是怀揣美好的愿望这样做的。其实让园丁理解其中的意味不太可能。我注意到，在很多没有给出明确指示的情况下，植物会被乱七八糟地种成一团。就在最近，我在一个朋友的花园里就遇到这样一个例子，他本人一点也不缺少美的意识。在

来源于种植设计（欧石南
花园的两个种植方案）

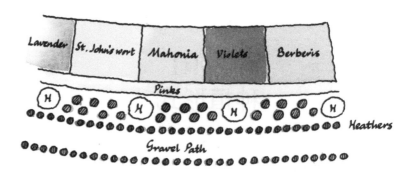

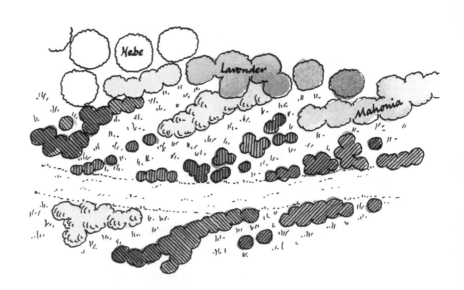

要建造野生欧石南园的外围有一个斜坡形的空间。怎么也称不上是一
块较好的场地，因为土壤是轻质沙地，又完全暴露在阳光下。场地处
于沟沟坎坎之中，没有任何可参照的自然形式，然而半数的精力需要
考虑线条和比例都不错的小凹地、山脊和突起的地形。我所看到的是
在陡峭的路的一边种着一种欧石南，在另一边种着另外一种；后面种
植成矩形团块；靠近前面，等距地种植着长阶花灌丛，在灌丛之间僵
硬地栽种着同等数量的欧石南。后面的种植中有一些非常不适合这种

场地的紫罗兰（violet）组团。但是只要去掉那些紫罗兰和所有与之类似情形种植的植物，就会有简单、自然的感觉。接着，种植一条薄薄的较纤细的斜生扁芒草，只修剪道路一侧的部分。在周围的欧石南中，灵活地插种一些野生百里香和野生史哥苦草（wood sage，*Teucrium scorodonia*），这能让所有的植物以理想的自然的种植方式联结在一起，有一种植物自然形成的效果，而非人工栽种的感觉。

在种植中或是疏理树木时，整体上的完美效果来源于对形式的感知和合理的植物搭配。如果在这些方面精心为之，数年后的景观如诗如画；如果无所考虑，那只是一堆植物。

我能想到的最有趣的景观是在部分地方种植大片自然的幼树林，上面露出一些山丘，下面有水面。如果我 10 英亩的小树林能成为这样，我就会心满意足；而且，我甚至还会高兴地以恭敬的谢意和细心的关怀来对待这个小空间。

薰衣草（lavender）的花枝。

附录 I

可参观的花园

　　很多《花园的色彩设计》的读者都希望能够看到杰基尔小姐的作品实例。但糟糕的是，芒斯蒂德·伍德花园没有留下什么，许多其他杰基尔设计的花园同样如此。幸运的是还有一些例子。在萨默塞特郡的赫斯特考姆（Hestercombe）花园好比王冠上的珍珠。1973年杰基尔小姐的种植规划图在陶器棚里被发现后，该花园得到了复原。在伯克郡的蒂讷瑞（Deanery）花园，重新建造了藤架、平台和墙，令人欣喜地把种植进行了复原。在萨哈姆斯代德的佛利农场（Folly Farm），目前复原工作扩展到了野生草本花境部分。在格洛斯特郡的考姆本庄园（Combend Manor）大体上也进行了复原；在色雷的哈斯考姆庭院（Hascombe Court），虽然重做的栽植没有严格按照杰基尔的规划进行，但大的对应式草本花境，或许是最精细地再现了杰基尔小姐花园实践的规模。

　　在格洛斯特郡的希德考特庄园（Hidcote Manor），很容易看到杰基尔小姐的造园思想，那里有着最接近于芒斯蒂德·伍德花园的彩色花境和季节花园。肯特郡的斯塞赫斯特（Sissinghurst）花园以色彩规划出名，尤其是白色花园。本宁布鲁夫（Beningbrough）花园中的蓝色花园是此类花园中令人兴奋的例子。查斯沃斯（Chatsworth）花园中热情洋溢的红色、黄色的姊妹篇花境和蓝色花境并置在一起，是杰基尔想要在自己花园中实现的色彩主题花园的惊人实例。在克莱夫登（Cliveden）花园，有精美的草本花境，一个色彩浓烈，而另一个色彩淡雅。哈特菲尔德住宅（Hatfield House）和克兰伯恩庄园（Cranborne Manor）中优美地展现了杰基尔式花园的宏伟景象。牛津郡的班普顿庄园（Bampton Manor）有着壮丽的对应式花境，是杰基尔柔和色彩规划的典型实例。在格洛斯特郡的巴恩斯利（Barnsley）花园中体现了杰基尔的灵巧设计与栽培养护的优秀组合。

　　参观赫斯特考姆花园需要预约，蒂讷瑞花园、佛利农场和考姆本庄园按照国民托管组织的花园计划开放，其他花园夏天正常开放。

附录 II
杰基尔小姐的花园设计作品精选

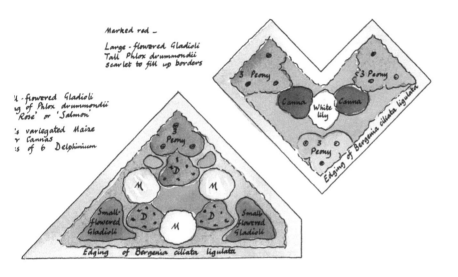

赫斯特考姆花园，萨默塞特郡：大地块（细节）

赫斯特考姆花园大地块中以碎石镶边的植床花坛是杰基尔女士的设计作品，其设计理念极其朴素、简约而不失高雅和变化。舌状岩白菜（*Bergenia ligulata*）的大叶子与大手笔几何形状的种植床搭配十分协调，饱满的株丛覆盖了碎石，同时也柔化了种植床边缘的僵硬感。舌状岩白菜在早春开出的灰粉色小花，与石头温暖的色调十分和谐。当夏季临近时，芍药（peony）繁花朵朵；直至夏末，芍药和舌状岩白菜的绿色株丛为丰富的植物色彩提供了良好的背景——蓝色的翠雀花（*Delphinium*），白色和橙色的百合花（lily）以及大片深红色、绯红色的唐菖蒲（*Gladioli*）竞相开放。翠雀花凋谢后会及时修剪，去除残枝。茂盛的斑叶玉米（maize）以及惹人注目的美人蕉（canna）株丛又强调了竖向上的美感。

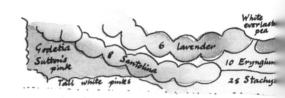

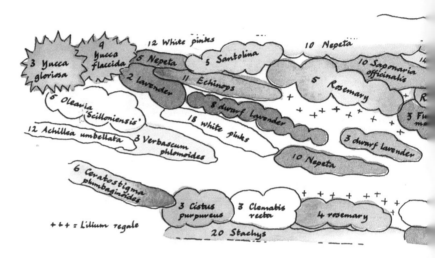

赫斯特考姆花园，萨默塞特郡：花境和墙垣的栽植

在赫斯特考姆花园中，埃德温·路特恩斯（Edwin Lutyens）富有创新性的园林设计与杰基尔女士的植物景观设计相得益彰。平面图中所示的是位于地平较高处的道路两侧的花境，接着是一面质感粗糙的挡土石墙，最后在墙角下是一条狭长的、光照充足的花境。

地平较高处的花境以灰绿色叶子为背景，以柔美的蓝灰色、粉灰色花朵的植物为主。云团状的大片丝石竹（*Gypsophila*）、荆芥（*Nepeta*）、薰衣草（lavender）、硕大刺芹（*Eryngium giganteum*）、神圣亚麻（*Santolina*）和大卫铁线莲伸出覆盖着道路，用水苏（*Stachys*）、石竹（pink）和滨海瓜叶菊（*Cineraria maritima*）镶边。球形花序的蓝刺头属（*Echinops*）植物形成的花丛比较高大，在为整个花境带来蓝色调的同时也在夏末与白花的宽叶山黧豆（everlasting pea）和'杰克曼'铁线莲形成呼应。

类似组合的植物从石墙的缝隙中延伸下来，毛蕊花属植物（*Verbascum*）以其灿烂的黄色调与上层花境中神圣亚麻属（*Santolina*）

植物和糙苏属（*Phlomis*）植物的蓝色调形成色彩上的对比。上层花境以及挡土墙上的植物常常下垂蔓延到墙脚狭窄的花境中，可以通过种植一些圆形的岩蔷薇属（*Cistus*）灌丛加以阻挡从而起到一定的弥补作用。

在上层花境中，位于花境一端的浅粉色的高代花属（*Godetia*）植物营造了一年生花卉那种略带透明的精致柔和的氛围，灰色的滨麦属（*Elymus*）植物和粉色的肥皂草（*Saponaria officinalis*，在大多数情况下它们都是侵略性较强的杂草）以其柔美和谐的色彩让人忽视了它们在生态学上的侵略性。在挡土墙上，丛植的蓝雪花（*Ceratostigma*）植物位于花境的另一端。晚秋时节，它如火焰般深红的秋色叶与其亮蓝色的花朵相互映衬，有令人惊艳的美。

在上下两层花境中，喇叭状花朵的王百合（*Lilium regale*）香气四溢，在平面图中以小十字符号标注。拱形的植株向道路探去，以其自身独特的魅力给游人留下了深刻的印象。

171

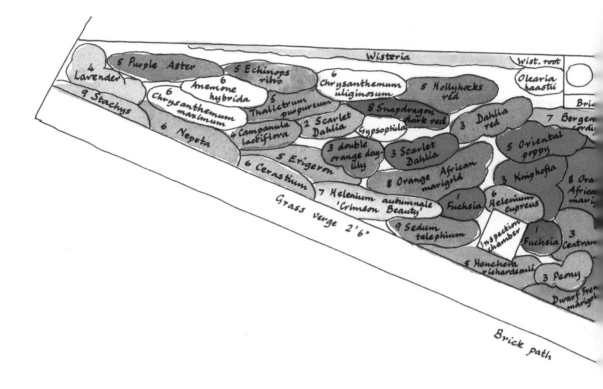

修道院庭院，希钦：南侧花境

修道院庭院南侧的这个花境与芒斯蒂德·伍德花园中的主花境有很多的相似性，只是尺度小一些。花境两端都是以柔和的蓝色和白色为主色调，中间则为黄色、橙色和红色等较为艳丽的色彩。这个花境的背景有着极其重要的作用：在花境东侧，白色的蜀葵（hollyhock）、大丽花（Dahlia）、银莲花（Anemone）和其他花色淡雅的花卉与紫杉（yew）树篱和叶质粗糙的玉兰花（Magnolia）形成了强烈的对比；花境中段温暖的色调很好地契合了砖头铺设的园路、墙体以及建筑；西侧花色更为淡雅的花卉则逐渐与背景中灰绿叶色的紫藤（wisteria）融为一体。

花境中的一年生花卉扮演着非常重要的角色，尤其是在中段。当东方罂粟（oriental poppy）、芍药（peony）以及萱草（daylily）的花朵凋谢以后，法国和非洲产的万寿菊（marigold）、大丽花以及金鱼草（snapdragon）是整个花境夏季季相色彩的主要来源。

172

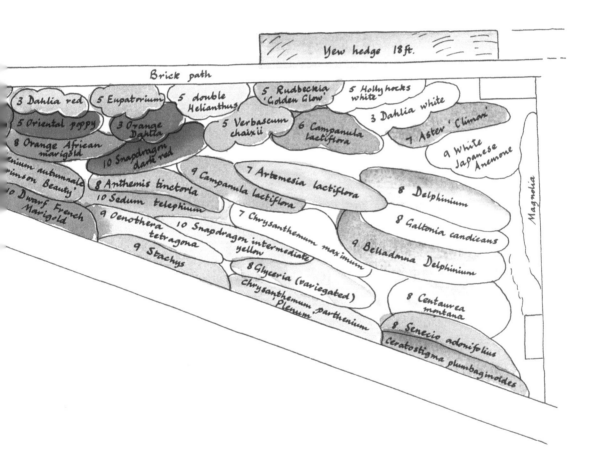

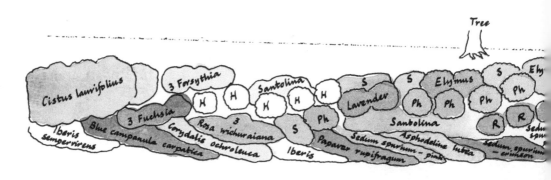

克鲁克伯瑞，萨里郡，荫生花境

这个荫生花境位于路特恩斯爵士的第一处住宅和花园——杰基尔女士为其花园设计提供了很多的建议——对她自己所喜爱的清新的林地景观进行了提炼。在花境的背景处理上，使用了常用的欧洲荚蒾（Guelder rose，*Viburnum opulus*）与绣球藤（*Clematis montana*）间植在一起。这种充满生机的绿色植物和乳白色花朵的组合，之后在芒斯蒂德·伍德花园的北庭院中也有大量应用。花境两端种植茵芋（*Skimmia*），冬天，随着它的红色浆果凋落以后，结实的椭圆形的光滑叶子和白色花朵就长出来了。春季和夏季的强烈色彩主要由东方罂粟（*Papaver orientale*）和美国薄荷属（*Monarda*）植物表现，但其他的花卉几乎都是深黄色或淡白色的，如假升麻（*Aruncus sylvester*）、珍珠蓍（*Achilla* 'The pearl'）、宽叶山黧豆（perennial lupine）、黄精（Solomon's seal）、绣线菊（meadow sweet）、晚熟小滨菊（*Chrysanthemum uliginosum*）、黄花多榔菊（*Doronicum plantagineum*）以及月见草属（*Oenothera*）植物等。在靠近花境的中心区域，翠雀花（delphinium）和紫露草（*Tradescantia virginiana*）在其他的黄色系花中呈现了更为清晰的蓝色调。在花境的末端以更为柔和的蓝灰色紫菀（*Aster*）和风铃草（*Campanula*）搭配于白色花卉中逐渐收尾。

174

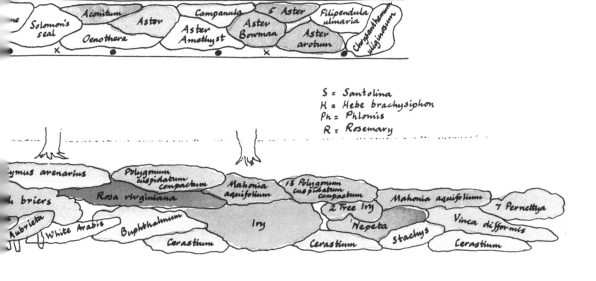

钦赫斯特，萨里郡，台地花境

这个花境为钦赫斯特的一处银行设计，设计中必须考虑到干燥的环境以及沙质的土壤、大树的荫蔽以及西南朝向等现状条件。在花境的起始端,将神圣亚麻（*Santolina*）、薰衣草（lavender）、糙苏（*Phlomis*）、迷迭香（rosemary）、岩蔷薇属（*Cistus*）以及短管长阶花（*Hebe brachysiphon*）密集地种植在一起，如一幅锦毯，叶子的色彩十分丰富，几乎囊括了从白色到黑色之间的所有色彩。墙体上数丛短管长阶花呼应着飘带形的常绿屈曲花（candytuft, *Iberis sempervirens*），并通过配置如瀑布般下垂的光叶蔷薇（*Rosa wichuraiana*）以避免整个景观形成过于规整的圆形斑块。在郁闭度比较高的地方，适应性强又不失柔美的植物被大量应用，如迷迭香、苏格兰蔷薇（Scotch brier）、弗吉尼亚蔷薇（*Rosa virginiana*）等。密花尖蓼（*Polygonum cuspidatum* var. *compactum*）以及冬青叶十大功劳（*Mahonia aquifolium*）极大地丰富了花境秋冬季的季相色彩。

背景墙上的屈曲花和南芥（*Arabis*）最早开花，花期稍后的是石竹（pink）、西班牙罂粟（*Papaver rupifragum*）、乳黄堇（*Corydalis ochroleuca*）以及风铃草（*Campanula*），花期最晚的是较为灰暗的大花费菜（*Sedum spurium*）。除了一丛常春藤（ivy）在鸭脚木（tree ivy）和冬青叶十大功劳的浓荫笼罩下略显醒目外，其他的卷耳属（*Cerastium*）植物、水苏（*Stachys*）、南芥、南庭荠属（*Aubrieta*）植物则使得花境整体的灰色调显得更为统一。

附录 III
关于杰基尔小姐所用植物名称的注解

　　植物的学名一直在改变，无论园艺爱好者对此有多么的苦恼。植物分类学家并不关心这些，而园艺爱好者必须不断地更换标牌，园艺作者也需要不断地更新自己的文件资料；科学仍然在不断地向前发展。对于我们这类不需要全身心投入草本植物研究的人，只是对植物命名法规有一个模糊的认识。似乎主要涉及两类问题：植物学知识的发展和优先权法则。

　　就前者而言，现代科技方法极大地加快了将植物归并到合适的属、种的进程。就我们现在的知识水平而言，染色体数量作为植物分类学家掌握的武器之一，其权威性毋庸置疑。为使其更加简单，如果一种植物不能明确地归于一个现有的属或种，那么接着就会有系统命名上的改变和补充。通常，园艺爱好者也会随之接受。

　　优先权法则难于忍受。在外行人看来，那些研究人员似乎除了在古老的论文中无止境地搜寻外，没有其他更好的事情可做，偶尔他们会高兴地宣布某种我们熟知的由作者 B 命名的植物，其实早在很多年前就被作者 A 命名过，因此，现在 A 的名称会记载入文献，而 B 的名称被降级为同名词。

　　在这样的情况下，杰基尔小姐使用的植物学名中有相当高比例的都被改变。有的属不同，如玉簪属以前是 *Funkia*，现在是 *Hosta*；有些是修订了种名，例如白玉兰以前是 *Magnolia conspicua*，现在为 *Magnolia denudata*。在其他情况下，先前形式的属名和种名现代园艺爱好者都不能识别。

　　植物学名的改变，如蓝菊从 *Agatbaea coelestis* 变为 *Felicia amelloides*，说明广泛修订杰基尔小姐使用的植物名称是必要的。只有借助藏有大量园艺学和植物学书籍的图书馆，才能够带着一点儿正确的认知去阅读她的原著。比如，想获得一株 *Spiraea lindleyana* 的人，进行了大量的研究之后才发现原来是毛叶珍珠梅（*Sorbaria tomentosa*）。

现代园艺的贸易趋向于"经济合理化"，也就是说苗圃和花园中心——尤其后者——倾向于储存市场上需要的植物。因此，很多植物只有在个别的苗木栽培者那里才能找到。幸运的是确实有这样一批人存在。那些杰基尔小姐提到的、市场上找不到的大多数植物目前仍然在花园中使用，在园艺爱好者——尤其是各种植物学会的成员之间流传。

因此，用其他植物取代格特鲁德·杰基尔时代的植物没有必要。唯一例外的是在大丽花栽培品种中。大丽花变种由于疾病和过度繁殖，其生命周期相当短，几年后就消失：事实上，现代园艺爱好者也能做得很好，可以很便宜地用种子培育适于花坛种植的大丽花，并根据不同的环境选择需要的颜色。

我只是偶尔地提出选用一些不同于杰基尔小姐建议的植物。一种是'赛龙'榄叶菊（*Olearia* 'Scilloniensis'），她错误地引用为 *O. gunnii*，事实上人们把它叫做 *O. gunniana*。这种植物现在叫做红缨榄叶菊（*O. phlogopappa*），但是由于观赏需要和避免负担的原因，我把它修订为可以在花园中完全取代它的更好的植物。

相似地，克兰顿莸（*Caryopteris* × *clandonensis*）被普遍种植，它取代了狭叶兰香草（*C. mastacanthus*）——现在被称作 *C. incana* 的植物。这些与蒙古莸（*C. mongolica*）杂交的克兰顿莸（*C.* × *clandonensis*）具有杂交优势，正是这种杂交优势，使它成为优良的花园植物。

园艺爱好者确实非常保守，很长时间后，他们才会采用植物学家改变的名称。格特鲁德·杰基尔就使用了许多被分类学家终止了很多年的名字。因此，如果那些普遍受欢迎而知名的植物的旧名被更新，就会显得过于学究气了，也会引起认识上的混乱。大家常说的蓝色紫草（*Lithospermum diffusum*）（通常是变种'天蓝''Heavenly Blue'）曾被叫做 *L. prostratum*（杰基尔小姐用过这个名称）、*Lithodora prostrata*、*Lithodora diffusa*。优先权法则规定上述最后的那个名字是正确的，但是我怀疑园艺爱好者会一致坚持他们目前的叫法直到一切恢复如初。

现在植物拉丁名的书写惯例要求，不管它们的起源如何，所有具体的种名首个字母都用小写。先前，正确名称中的首字母都大写。和许多同时代的人一样，杰基尔小姐不同意这一要求，仍然把欧亚瑞香书写成 *Daphne Mezereum* 和把吴氏大戟书写成 *Euphorbia Wulfenii*，然而无法解释的是她用 *C. cyprius* 表示岩蔷薇属（*Cistus*）的做法，这个名称书写遵从了现在的方式。

当涉及植物俗名书写问题时，我们发现会面对不同的情况。杰基尔小姐可能将（'Oak' or 'Ash'）的首字母大写，然而我们不用。最近，通常认为 'Red Oak' or 'Mountain Ash' 是合适的书写方法，允许它们用大写字母，但是很快由于很难达到一致而被放弃。相似地，野生花卉的英文名称不再被写成像 Lily-of-the-Valley、Cranesbill 等，而写成 lily-of-the-valley 等。在所有小写的俗名中，我认为应该有个例外：一些植物的固有名称应该仍然是大写，如黄精 Solomon's seal。

如果格特鲁德·杰基尔书写植物名称的做法和规律不受植物命名现代化的妨碍，那么必须避免过于学术化的做法。她的植物命名方式可以写成"Madame Alfred Garriere roses"，这比 plant of *Rose* "Madame Alfred Carrière"的称谓能更好地衔接上下文。另一方面，在一些极少见的句子中，她提出的一些同义词没有什么意义，这时就必须作出调整。总之，虽然如此，杰基尔小姐的主要思想对现代园艺爱好者的影响如同对其同代人一样，有相当大的意义。

约翰·凯利

附录 IV

植物拉英——中对照表

Abutilon vitifolium	葡萄叶苘麻	Arabis	南芥属
Acanthus	老鼠簕属	*Arbutus*	荔莓属
Acanthus spinosus	刺老鼠簕	*Arenaria balearica*	科西嘉蚤缀
achillea	欧蓍草	*Arenaria montana*	山蚤缀
Achillea	蓍属	*Artemisia*	蒿属
Achillea filipendulina	凤尾蓍	*Artemisia stelleriana*	北亚蒿
Achillea 'Moonshine'	'月光'蓍	*Aruncus sylvester*	假升麻
Achillea 'The pearl'	'珍珠'蓍	*Asarum*	细辛属
Achillea umbellata	伞形蓍	*Asarum europaeum*	欧洲细辛
Adonis vernalis	春侧金盏花	*Asarum virginianum*	维州细辛
Aesculus parviflora	小花七叶树	aspidistra	蜘蛛抱蛋
African marigold	非洲万寿菊	*Aspidistra lurida*	九龙盘
Agapanthus	百子莲属	*Aster*	紫菀属
Ageratum	藿香蓟属	*Aster acris*	多叶紫菀
Ageratum houstonianum	熊耳草	*Aster* 'Colerette Blanche'	'考勒瑞特·布兰奇'
Alchemilla	羽衣草属	*Aster* 'Comet'	'彗星'
Allium giganteum	大花葱	*Aster divaricatus*	广枝紫菀
Alonsoa	假面花属	*Aster frikartii*	大头紫菀
alpenrose	高山玫瑰杜鹃花	*Aster* 'Ostrich Plume'	'鸵鸟羽毛'
alpine rohdodendron	高山杜鹃	*Aster umbellatus*	伞花紫菀
Allium giganteum	大花葱	*Aubrieta*	南庭荠属
Althaea ficifolia	榕叶蜀葵	*Aubrieta deltoidea* 'Moerheimii'	'摩尔黑莲'紫芥菜
Alyssum saxatile var. *citrinum*	金庭荠	*Aubrieta* 'Dr Mules'	'米勒斯博士'南庭荠
Amaranthus	苋属	*Aucuba*	桃叶珊瑚属
Amaranthus sanguineus var. *nanus*	红花繁穗苋	*Aucuba japonica*	东瀛珊瑚
Amelanchier	唐棣属	azalea	杜鹃花
American willow	银柳	bay	月桂树
Anchusa	牛舌草属	bedstraw	猪殃殃
Anchusa 'Opal'	'淡蓝'牛舌草	bee-balm	美国薄荷
Anemone	银莲花属	beech	山毛榉
Anemone sylvestris	林地银莲花	beech fern	卵果蕨
Antennaria	蝶须属	*Begonia*	秋海棠属
Anthemis	春黄菊属	Belladonna delphinium	颠茄翠雀
Anthericum	圆果吊兰属	Belladonna hybrid delphinium	杂种颠茄翠雀
Antholyza	裂冠花属	bell-flower	风铃草
Antirrhinum	金鱼草属	*Berberis*	小檗属
Antwerp hollyhock	榕叶蜀葵	*Bergenia*	岩白菜属
apple	苹果	*Bergenia cordifolia*	心叶岩白菜
apple mint	圆叶薄荷	*Bergenia ligulata*	舌状岩白菜
apricot	杏	birch	桦树

179

Dentaria diphylla	二叶碎米芥	geranium	天竺葵
Dicentra eximia	隧毛荷包牡丹	*Geranium platypetalum*	宽瓣老鹳草
Dicentra spectabilis	荷包牡丹	gladiolus	唐菖蒲
Dictamnus	白鲜属	*Gladiolus × childsii*	
Dictamnus albus	白鲜	'William Faulkner'	'威廉'齐氏唐菖蒲
dog rose	刺狗蔷薇	*Gladiolus × gandavensis*	唐菖蒲
dog-tooth violet	狗牙堇	*Gladiolus nanus* 'The Bride'	'新娘'矮唐菖蒲
dogwood	红瑞木	globe thistle	蓝刺头
Doronicum	多榔菊属	*Glyceria aquatica*	水甜茅
Dryopteris filix-mas	欧洲鳞毛蕨	*Godetia*	高代花属
dwarf palm	矮菜棕	*Godetia* 'Double Rose'	'双玫瑰'高代花
Echinops	蓝刺头属	golden feverfew	金叶短舌匹菊
Elymus	滨麦属	golden holly	金叶冬青
Elymus arenarius	欧滨麦	golden osier	黄枝白柳
Epilobium angustifolium	柳兰	golden privet	金叶女贞
Epimedium	淫羊藿属	golden rod	一枝黄花
Epimedium pinnatum	羽状淫羊藿	*Goodyera repens*	小斑叶兰
Erica ciliata	隧毛欧石南	gourd	葫芦
Erica herbacea	春欧石南	grape	葡萄
Erica hybrida	杂种欧石南	grape hyacinth	葡萄风信子
Eryngium	刺芹属	groundsel	千里光
Eryngium amethystinum	水棘针叶刺芹	guelder rose	欧洲荚蒾
Eryngium giganteum	硕大刺芹	*Gunnera*	根乃拉草属
Eryngium × oliverianum	奥氏刺芹	*Gypsophila*	丝石竹属
Erythronium	猪牙花属	*Gypsophila paniculata*	锥花丝石竹
Euonymus	卫矛属	hartstongue	荷叶蕨
Euonymus fortunei	扶芳藤	hawkweed	山柳菊
Euonymus fortunei 'Silver Queen'	'银后'扶芳藤	hazel	榛树
Euphorbia	大戟属	heath	欧石南
Euphorbia characias	查拉西亚大戟	heath grass	斜生扁芒草
Euphorbia wulfenii	吴氏大戟	hebe	长阶花
everlasting pea	宽叶山黧豆	*Hebe*	长阶花属
Exochorda racemosa	白鹃梅	*Hebe brachysiphon*	短管长阶花
Felicia amelloides	蓝菊	*Hebe hulkeana*	呼给长阶
fern	蕨	*Hebe speciosa*	美花长阶
feverfew	短舌匹菊	*Helenium*	堆心菊属
fig	无花果	*Helenium autumnale var. pumilum*	矮堆心菊
filbert	马氏榛	*Helianthus*	向日葵属
Flag iris	黄花鸢尾	*Helianthus laetiflorus*	美丽向日葵
forget-me-not	勿忘我	*Helianthus laetiflorus*	
Forsythia	连翘属	'Loddon Gold'	'洛登金'向日葵
Forsythia suspensa	连翘	*Helianthus salicifolius*	柳叶向日葵
foxglove	毛地黄	*Helianthus decapetalus*	薄叶向日葵
Francoa	福南草属	*Helianthus scaberrimus*	硬直向日葵
Francoa ramosa	福南草	*Helianthus scaberrimus*	
fritillary	贝母	'Miss Mellish'	'梅利什小姐'向日葵
Fuchsia	倒挂金钟属	heliotrope	天芥菜
Fuchsia 'Mme Cornelissen'	'科内利森夫人'倒挂金钟	hellebore	铁筷子
Gaultheria	白株树属	*Hemerocallis*	萱草
Gaultheria shallon	北美白珠树	*Heracleum mantegazzianum*	欧芹
Gazania	勋章菊属	*Heuchera hispida*	矾根
Gentiana asclepiadea	萝藦龙胆	*Hippophae rhamnoides*	沙棘

181

holly	冬青	*Lavatera olbia*	花葵
holly 'Gold king'	'金色国王'冬青	lavender	薰衣草
hollyhock	蜀葵	*Ledum palustre*	杜香
hollyhock 'Pink Beauty'	'粉美人'蜀葵	lemon	柠檬
honesty	缎花	Lent hellebore	东方铁筷子
honeysuckle	忍冬	*Lespedeza thunbergii*	胡枝子
hornbeam	角树	*Leucothoë*	木藜芦属
Hosta	玉簪属	*Leucothoe axillaris*	腋花木藜芦
Hosta sieboldiana	圆叶玉簪	*Leucothoe fontanesiana*	垂枝木藜芦
Hosta plantaginea	玉簪	*Leycesteria formosa*	鬼吹箫
Hosta plantaginea var. *grandiflora*	大花玉簪	lilac	丁香
hyacinth	风信子	*Lilium auratum*	天香百合
Hyacinths	风信子属	*Lilium bulbiferum* var. *croceum*	橙花珠牙百合
hydrangea	绣球花	*Lilium candidum*	白花百合
Hydrangea paniculata	圆锥绣球	*Lilium longiflorum*	麝香百合
Iberis	屈曲花属	*Lilium regale*	王百合
Iberis sempervirens	常绿屈曲花	*Lilium rubellum*	红点百合
Indian pink	赤根驱虫草	*Lilium speciosum*	美丽百合
Indigofera	木蓝属	*Lilium szovitsianum*	红药百合
Ipomoea	番薯属	*Lilium × testaceum*	棕黄百合
Ipomoea tricolor	三色牵牛	lily	百合
iris	鸢尾	lily of the valley	铃兰
Iris cengialti	浅棕苞鸢尾	*Lippia citriodora*	柠檬过江藤
Iris chamae-iris	佳美鸢尾	*Lithospermum*	紫草属
Iris 'Chamaleon'	'查迈隆'	*Lithospermum diffusum*	蓝色紫草
Iris foetidissima	红籽鸢尾	*Lobelia*	半边莲属
Iris olbiensis	奥尔比鸢尾	*Lobelia* 'Cobalt Blue'	'科博尔特'半边莲
Iris pallida var. *dalmatica*	法衣香根鸢尾	*Lobelia cardinalis*	红花山梗菜
Iris pumila	矮鸢尾	*Lobelia erinus*	山梗菜
Iris 'Purple King'	'紫色国王'鸢尾	*Lobelia tenuior*	细叶山梗菜
Iris 'Queen of the may'	'五月王后'鸢尾	London pride	伦敦虎耳草
Iris spuria	拟鸢尾	*Lonicera periclymenum*	普通忍冬
Iris squalens	劣质鸢尾	loose-strife	千屈菜
Iris unguicularis	爪瓣鸢尾	loquat	枇杷
ivy	常春藤	love-lies-bleeding	尾穗苋
ivy geranium 'Mme Crousse'	'克柔西夫人'藤叶型天竺葵	love-in-a-mist	黑种草
Japanese anemone	杂种秋牡丹	*Lsichitum*	沼芋属
jargonelle pear	扎格奈尔梨（一种早熟梨）	lupin	羽扇豆
jasmine	茉莉	lupin 'Somerset'	'萨默塞特'羽扇豆
Jasminum nudiflorum	迎春	*Luzula maxima*	地杨梅
juniper	刺柏	*Lychnis*	剪秋罗属
kalmia	山月桂	*Lychnis chalcedonica*	皱叶剪秋罗
Kerria japonica	棣棠	*Lychnis haageana*	哈氏剪秋罗
kitchen rose	厨房月季	Lyme-grass	欧滨麦
Kniphofia	火炬花属	*Lysichitum*	沼芋属
Kniphofia uvaria	火炬花	Madonna lily	白花百合
laburnum	金链花	magnolia	木兰
lady fern	蹄盖蕨	*Magnolia denudata*	白玉兰
Lamium	野芝麻属	*Magnolia stellata*	星花木兰
Lathyrus vernus	春花香豌豆	mahonia	十大功劳
laurel	月桂树	*Mahonia aquifolium*	冬青叶十大功劳
laurustinus	棉毛荚蒾	*Maianthemum bifolium*	舞鹤草

182

Maiden's wreath	福南草	*Olearia phlogopappa*	红缨榄叶菊
maize	玉米	*Olearia* 'Scilloniensis'	'赛龙'榄叶菊
male fern	欧洲鳞毛蕨	*Onopordon*	棉毛蓟属
mallow	锦葵	orange	柑橘
Malus floribunda	多花海棠	oriental poppy	东方罂粟
marigold	万寿菊	*Osmunda*	紫萁属
meadowsweet	蚊子草	*Othonnopsis*	厚敦菊属
medlar	欧楂	*Othonnopsis cheirifolia*	厚敦菊
Mentha rotundifolia	圆叶薄荷	*Paeonia albiflora*	芍药
Mentha rotundifolia 'Variegata'	'花叶'圆叶薄荷	*Paeonia officinalis*	欧洲芍药
Mertensia virginica	美国滨紫草	*Paeonia wittmanniana*	川鄂芍药
Messrs Cheal's star dahlia	谢尔先生星状大丽花	pansy	三色堇
Michaelmas daisy	米迦勒节紫菀	*Papaver orientale*	东方罂粟
milkwort	远志	*Papaver pilosum*	绒毛罂粟
mint	薄荷	*Papaver rupifragum*	岩罂粟
Miscanthus	芒属	peach	桃
Miscanthus sinensis var. *variegatus*	斑芒	peach-leaved campanula	桃叶风铃草
Miscanthus sinensis 'Zebrinus'	'横斑'芒	pear	梨
Monarda	美国薄荷属	pearl bush	白鹃梅
Monarda didyma		*Pelargonium*	天竺葵属
'Cambridge Scarlet'	'剑桥红'美国薄荷	*Pelargonium* 'Dot Slade'	'多特斯莱德'天竺葵
Monterey cypress	大果柏木	*Pelargonium* 'Henry Jacoby'	'亨利雅各比'老鹳草
morello cherry	莫利洛黑樱桃	*Pelargonium* 'King of Denmark'	'丹麦国王'天竺葵
morning glory	牵牛花	*Pelargonium* 'Mrs cannel'	'肯莱尔女士'天竺葵
moss	苔藓	*Pelargonium* 'Mrs Laurence'	'劳伦斯女士'天竺葵
mountain ash	花楸	*Pelargonium* 'Omphale'	'翁法勒'天竺葵
mulberry	桑树	*Pelargonium* 'Paul Crampel'	'保罗 克朗佩尔'老鹳草
mullein	毛蕊花	*Pelargonium* 'Raspail'	'拉斯拜尔'老鹳草
Myosotis	勿忘草属	*Pelargonium* 'Salmon Fringed'	'萨蒙 弗闰'老鹳草
Myosotis dissitiflora	疏花勿忘草	*Penstemon*	钓钟柳属
Myrrhis	甜芹属	*Penstemon* 'Evelyn'	'伊芙林'钓钟柳
Myrrhis odorata	甜芹	peony	芍药
myrtle	桃金娘	perennial lupine	宿根羽扇豆
Narcissus jonquilla	丁香水仙	perennial pea	宽叶山黧豆
Narcissus minor	小水仙	*Perovskia atriplicifolia*	滨藜叶分药花
Narcissus minor var. *conspicuous*	极小水仙	*Petunia*	矮牵牛属
Narcissus nanus	侏儒水仙	pheasant-eye narcissus	雉眼水仙
Narcissus pallidiflorus	淡花水仙	*Phlomis*	糙苏属
Narcissus 'Princeps'	'普闰赛普斯'水仙	phlox	福禄考
Narcissus 'Tresamble'	'三琥珀'水仙	*Phlox amoena*	平卧福禄考
Nasturtium	旱金莲属	*Phlox divaricata*	蓝色福禄考
Nepeta	荆芥属	*Phlox drummondii*	福禄考
Nepeta mussinii	慕欣荆芥	*Phragmites communis*	芦苇
nut-tree	榛子树	*Pieris*	马醉木属
oak	橡树	*Pieris floribunda*	多花马醉木
oak fern	欧洲羽节蕨	*Pieris japonica*	马醉木
Oenothera	月见草属	pine	松树
Oenothera erythrosepala	月见草	pink	石竹
old rose	古老月季	plane	悬铃木
oleander	夹竹桃	*Plumbago capense*	蓝雪花
Olearia	榄叶菊属	plume celosia	青葙
Olearia × *haastii*	哈氏榄叶菊	poet's daffodil	诗人水仙

poet's narcissus	诗人水仙	*Rosa rubrifolia*	红叶蔷薇
polygonum	蓼属	*Rosa* 'Sanders White Rambler'	'桑德白蔓'
Polygonum cuspidatum var. *compactum* 密花尖蓼		*Rosa sempervirens*	常绿蔷薇
Polypodium vulgare	欧亚水龙骨	*Rosa* 'The Fairy'	'仙女'月季
polypody	欧亚水龙骨	*Rosa virginiana*	弗吉尼亚蔷薇
pomegranate	石榴	*Rosa wichurainana*	光叶蔷薇
poppy	罂粟	rose	月季
potentilla	委陵菜	rosemary	迷迭香
primrose	报春花	*Rubus deliciosus*	美味悬钩子
Primula	报春花属	*Rubus parviflorus*	小花悬钩
privet	女贞	*Rubus parvifolius*	茅莓
Pulmonaria angustifolia 'Azurea'	'蓝花'狭叶肺草	*Rubus* × *tridel*	（贝内登）悬钩子
Puschkinia	蚁播花属	*Rudbeckia* 'Golden Glow'	金光菊
Pyrenean daffodil	比利牛斯山水仙	rue	芸香
Quercus ilex	冬青栎	*Ruscus aculeatus*	假叶树
quince	榅桲	sage	鼠尾草
rambler rose	蔓性月季	*Salix alba* 'Chermesina'	"绯枝"白柳
red dogwood	欧洲红瑞木	*Salix daphnoides*	瑞香柳
reed mace	香蒲	*Salvia*	鼠尾草属
rhododendron	杜鹃花	*Salvia nemorosa*	林荫鼠尾草
Rhododendron ferrugineum	高山玫瑰杜鹃花	*Salvia patens*	长蕊鼠尾草
Rhododendron 'Myrtifolium'	可巧杜鹃	*Salvia sclarea*	土耳其鼠尾草
Rhododendron odoratus	芳香杜鹃	*Salvia splendens* 'Pride of Zurich'	'苏黎世'一串红
Rhododendron ponticum	本都山杜鹃	*Santolina*	神圣亚麻属
Rhododendron × *praecox*	早杜鹃	*Saponaria officinalis*	肥皂草
ribbon grass	丝带草	*Sasa tessellata*	箬竹
Robinia hispida	毛刺槐	savin	欧亚圆柏
Rodgersia	鬼灯擎属	saxifrage	虎耳草
Rosa alba	白蔷薇	scarlet willow	'绯枝'白柳
Rosa arvensis	原野蔷薇	*Scilla*	棉枣儿属
Rosa 'Blush Boursault'	'包扫特红'	*Scilla amoena*	星花绵枣儿
Rosa 'Blush Damask'	'锦缎红'	scilla bifolia	二叶绵枣儿
Rosa brunonii	复伞房蔷薇	*Scilla italica*	意大利绵枣儿
Rosa 'Cameo'	'宝石'	*Scilla sibirica*	西伯利亚绵枣儿
Rosa 'Céleste'	天蓝蔷薇	Scotch brier	苏格兰蔷薇
Rosa 'Damask'	'大马士革'	Scots pine	欧洲赤松
Rosa 'De Meaux'	'莫城'	sea buckthorn	沙棘
Rosa ferruginea	锈毛蔷薇	sea-kale	欧洲海甘蓝
Rosa 'Garland'	'花环'	sedge	莎草
Rosa 'Laurette Messimy'	'劳蕾特 梅西米'	*Sedum*	景天属
Rosa longicuspis	长尖叶蔷薇	*Sedum spectabile*	长药景天
Rosa 'Mme Plantier'	'普劳媂夫人'	*Sedum spurium*	大花费菜
Rosa 'Mme Alfred Carrière'	'阿尔弗雷德卡里埃夫人'	*Sedum telephium*	蒂立景天
Rosa 'Moss'	莫氏	*Senecio adonidifolius*	侧金盏叶千里光
Rosa multiflora	野蔷薇	*Senecio cineraria*	银叶菊
Rosa 'Natalie Nypels'	'娜塔莉 奈佩尔'	shield fern	耳蕨
Rosa 'New Dawn'	'新曙光'月季	Siberian larkspur	翠雀
Rosa 'Paul's Carmine Pillar'	'保罗氏卡梅恩皮勒'	*Skimmia*	茵芋属
Rosa pimpinellifolia var. *altaica*	阿尔泰山茴芹叶蔷薇	*Skimmia japonica*	日本茵芋
Rosa 'Pink China'	'中国粉'	*Smilacina racemosa*	锥花鹿药
Rosa 'Provence'	'普罗旺斯'	snapdragon	金鱼草
Rosa × *reclinata*	垂蔷薇	soapwort	肥皂草

Solanum jasminoides	素馨茄	*Tulipa* 'Chrysolora'	'瑞蚕劳拉'郁金香
Solanum crispum	星花茄	*Tulipa gesneriana*	郁金香
Solomon's seal	黄精	*Tulipa retroflexa*	垂花郁金香
Sorbaria	珍珠梅属	*Uvularia*	垂铃儿属
Sorbaria tomentosa	毛叶珍珠梅	*Uvularia grandiflora*	大花垂铃儿
Spanish broom	鹰爪豆	*Vaccinium myrtillus*	欧洲越橘
Spanish chestnut	西班牙栗	valerian	缬草
Spanish iris	西班牙鸢尾	*Veratrum*	藜芦属
Spartium	鹰爪豆属	*Veratrum nigrum*	藜芦
spiderwort	紫露草	*Verbascum*	毛蕊花属
spindle tree	卫矛	*Verbascum chaixii*	东方毛蕊花
Spiraea	绣线菊属	*Verbascum olympicum*	奥林匹克毛蕊花
Spiraea bumalda	布玛尔达绣线菊	*Verbascum phlomoides*	抱茎毛蕊草
spur valerian	管距花	*Verbena*	马鞭草属
St Bruno's lily	乐园百合	*Verbena* 'Miss Willmott'	'威尔莫特小姐'马鞭草
Stachys	水苏属	*Veronica*	婆婆纳属
Stachys lanata	绵毛水苏	*Viburnum*	荚迷属
stock	紫罗兰	*Viburnum opulus*	欧洲荚莲
stonecrop	景天	*Viola*	堇菜属
sunflower	向日葵	violet	紫罗兰
sweet cicely	甜芹	*Vitis vinifera* 'Purpurea'	'紫叶'葡萄
sweet verbena	柠檬香桃叶	wallflower	桂竹香
tamarisk	柽柳	water elder	欧洲绣球
Tamarix gallica	法国柽柳	weigela	锦带花
Teucrium scorodonia	史哥苦草	whitebeam	白面子树
Thalictrum	唐松草属	whitethorn	山楂
Thalictrum aquilegifolium	耧斗菜叶唐松草	whortleberry	越橘树
Thalictrum aquilegifolium var. *atropurpureum*	紫花唐松草	wichuraiana rose	光叶蔷薇
		willow	柳
Thalictrum flavum	黄花唐松草	willow gentian	萝藦龙胆
thuya	金钟柏	winter jasmine	迎春
thyme	百里香	wintersweet	蜡梅
Tiarella	黄水枝属	wisteria	紫藤
Tiarella cordifolia	心叶黄水枝	witch hazel	北美金缕梅
Trachelium coeruleum	喉草	wood sage	史哥苦草
Tradescantia	紫露草属	woodruff	香车叶草
Tradescantia virginiana	紫露草	wood-rush	地杨梅
tree ivy	鸭脚木	yew	紫杉
tree lupine	木羽扇豆	yucca	丝兰
tree peony	牡丹	*Yucca*	丝兰属
tree peony 'Comtesse de Tuder'	'都铎伯爵夫人'牡丹	*Yucca filamentosa*	丝兰
tree peony 'Elizabeth'	'伊丽莎白'牡丹	*Yucca flaccida*	软叶丝兰
Trientalis europaea	七瓣莲	*Yucca gloriosa*	凤尾兰
Trillium	延龄草属	*Yucca recurvifolia*	弯叶丝兰
tulip	郁金香	*Zinnia*	百日草属
Tulipa 'Bleu Celeste'	'蓝色天空'郁金香	zonal pelargonium	带纹型天竺葵

注释 *

① 花园中的 *Narcissus nanus* 侏儒水仙现在被认定为 *N. minor* var. *conspicuous*。

② *Narcissus pallidiflorus* 淡花水仙严格意义上是 *N.pseudo-narcissus* 喇叭水仙，滕比水仙（Tenby daffodil）的比利牛斯型（Pyrenean form）。

③ 此类树形的月季在市场上不再能够买到：用肉红色的 'Raphael' 替代 'Comtesse de Tuder'，用淡的橙红色的 'Lord Selbourne' 替代 'Elizabeth'。

④ *Iris cengialti* 依然有栽培，但很少；一种蓝色的 Intermediate iris 是合适的选择。

⑤ *Geranium* × *magnifium* 的栽培现在偏爱用 *G. platypetalum*。

⑥ 翠雀的 Belladonna Section 目前很少栽培，虽然它们的品质非常适合园艺行业去培育。'Blue Bees' 多年来一直受到喜爱，最好的深色牛津蓝品种可能是 'Wendy'。

⑦ 例如，*Tradescantia virginiana* 'J.C. Weguelin'。

⑧ 这些杰基尔时代栽种的大丽花不再存在。专业的大丽花苗圃会建议用相同颜色的现代品种。

⑨ *Amaranthus paniculatus* var. *cruentus*。

⑩ 杰基尔所指的 *Aster umbellatus* 可能是 *A. amygdalinus*。

⑪ *Helianthus* 'Miss Mellish' 现在几乎不可能获得，但是依然有淡黄色的品种（例如 'Capenoch Star' 和 'Soleil d' Or'）满足杰基尔不喜爱在黄色规划中使用橙色的意愿。

⑫ 这种月季植物学上称为 *Rosa glauca*，在园艺爱好者中不流行，现在 *R. rubrifolia* 受欢迎。

---

* 本注释是原著再版时编者的校对。

译后记

　　《国外植物景观设计理论与方法译丛》系列图书的推出得到了北京林业大学园林学院李雄院长的极大支持，王向荣教授亲自选定和推介了代表格特鲁德·杰基尔植物景观设计理论的两部重要著作《Gertrude Jekyll's Colour Schemes for The Folwer Garden》 和《The Gardens of Gertrude Jekyll》作为该系列丛书首推之册。北京林业大学园林学院植物景观规划设计教研室主任董丽教授对全文进行了审校。国内植物景观规划设计的先行和开拓者苏雪痕教授对介绍国外植物景观设计理论的构想十分赞赏，对译著的进展工作十分关切。

　　为促成出版计划的顺利实施，安友丰老师进行了大量协调交流工作，在此深表谢意！

　　本书出版得到中央高校基本科研业务费专项资金资助（项目编号TD2011-27）。